深圳市规划国土发展研究中心“政府规划师研究基金”资助项目

转型期深圳城市更新规划探索与实践（第 2 版）

Zhuanxingqi Shenzhen Chengshi Gengxin Guihua Tansuo Yu Shijian(Di-er Ban)

李江　主编

东南大学出版社
SOUTHEAST UNIVERSITY PRESS

南京・2020

内容提要

面对资源紧约束的发展困境，城市更新已成为挖掘空间发展潜力、优化城市功能结构、提升城市环境品质、提高空间利用效率的重要手段。中外城市更新的实践证明，大规模拆除重建式的城市更新不利于城市的可持续发展，目标综合、内涵丰富的渐进式城市更新才是新型城镇化背景下城市转型发展的正确选择。本书以深圳为例，结合城市发展历程，分析当前城市更新的特征及存在问题，从城市更新的评价体系、社会结构变迁、低碳生态实践、规划编制内容等多角度，对城市更新的理论与实践进行系统的梳理与总结，探讨了城市更新规划编制的主要内容与技术方法。

本书可供城市规划与建设管理部门、城市规划设计机构的从业人员，以及高等院校城市规划、地理科学、土地管理、资源环境、社会学等专业的师生学习与参考。

图书在版编目（CIP）数据

转型期深圳城市更新规划探索与实践 / 李江主编 .
—2 版 . —南京：东南大学出版社，2020.2
ISBN 978-7-5641-8611-1

Ⅰ . ①转… Ⅱ . ①李… Ⅲ . ①城市规划 - 研究 - 深圳 Ⅳ . ① TU984.265.3

中国版本图书馆 CIP 数据核字（2019）第 256771 号

书　　名：转型期深圳城市更新规划探索与实践（第 2 版）
主　　编：李　江
责任编辑：孙惠玉　周　菊　　邮箱：894456253@qq.com
出版发行：东南大学出版社　　社址：南京市四牌楼 2 号（210096）
网　　址：http://www.seupress.com
出 版 人：江建中
印　　刷：徐州绪权印刷有限公司　　排版：南京布克文化发展有限公司
开　　本：787mm×1092mm　1/16　　印张：12.25　字数：290 千
版 印 次：2020 年 2 月第 2 版　2020 年 2 月第 1 次印刷
书　　号：ISBN 978-7-5641-8611-1　　定价：89.00 元
经　　销：全国各地新华书店　　发行热线：025-83790519　83791830

目录

再版说明

2015 年，《转型期深圳城市更新规划探索与实践》第 1 版付梓，作为一本立足于深圳实践，综合了更新理论研究、评价体系构建、规划编制及制度体系构建、案例经验总结等方面的更新专业书籍，该书为高度城市化地区规范城市更新规划管理、引导市场积极参与、创新规划编制技术方法等提供了有益借鉴和决策参考，获得了学界和业界的积极反馈，很多读者提出了再版期望，对我们的工作既是一种肯定，也是一种鞭策。

5 年来，深圳城市更新的外部环境和更新对象都发生了很大变化。在宏观层面，2015 年中央城市工作会议明确提出，必须抓好城市这个“火车头”，把握发展规律，有效化解各种“城市病”。2018 年习近平总书记在广州、深圳等地视察时对城市建设也明确提出，城市建设要高度重视历史文化保护，不急功近利，不大拆大建，更多采用微改造这种“绣花”功夫，为城市更新工作指明了方向。在地方层面，伴随更新项目的持续推进，深圳城市更新逐步进入深水期，权属清晰、捆绑公共利益较少的项目逐渐减少，权属复杂、捆绑公共利益较多的“硬骨头”项目越来越多，对城市更新的制度设计和规划统筹提出了更高要求。与此同时，城市发展对更新的要求也更加综合，从物质空间改造和公共服务设施完善，进一步拓展到历史文化保护、绿色生态发展、智慧城市建设、保障性住房和创新型产业用房供应等多个方面，极大地丰富了深圳城市更新的内涵。面对上述新形势、新要求，深圳城市更新的规划编制体系不断完善，建立了从市、区到更新单元的规划传导机制，市、区权责匹配的城市管理体系也更加健全。

基于上述情况，我们于 2018 年启动了本书再版的筹备工作，在第 1 版的基础上，针对 5 年来城市更新研究及深圳城市更新新的经验积累，重点做了以下方面的调整：

一是城市更新基本理论部分，增补了 2014 年以来国内外学者在城市更新领域最新的研究成果，帮助读者从理论层面加深对城市更新发展动态的认识。

二是城市发展与城市更新部分，重点介绍了“一带一路”倡议、“粤港澳大湾区”等国家重大发展倡议 / 战略对深圳的影响。并且以 2017 年为基期，梳理了深圳社会经济发展以及城中村、旧工业区等城市更新主要对象的发展情况，分析了发展变化趋势对城市更新的影响。

三是利益平衡下的更新模式部分，增加了 2016 年以来新出现的政府主导棚户区改造模式的说明，并对其利益平衡机制与决策机制进行了分析，体现了深圳城市更新最新方向的发展变化。

四是城市更新中的低碳生态建设部分，根据深圳城市更新单元审批的最新政策规定，增加了拆除重建更新中海绵城市的建设要求。

五是城市更新评价体系部分，结合 2015 年启动的深圳第二轮城市更新五年规划编制情况，调整了城市更新评价结果及深圳“三旧”更新对象空间分布。

六是城市更新专项规划编制体系部分，从对市更新专项规划的介绍，拓展到对市级更新专项规划、区级更新专项规划以及更新单元计划规划三个层次规划的介绍，同时结合深圳第二轮城市更新五年规划编制经验，对市级更新专项规划的内容进行了完善与调整，以便读者更加综合、全面地了解深圳的城市更新专项规划编制体系及传导机制。

七是制度创新与体系构建部分，调整了内容结构，首先介绍了深圳城市更新的整体制度体系，随后分别就核心政策进行专节介绍。其次基于深圳更新政策小幅迭代、持续优化的特点，增加了对 2015 年至 2018 年上半年深圳出台的更新相关政策的梳理与解读，以便读者了解深圳更新政策最新的变化趋势及其出台背景。

八是深圳城市更新案例部分，不同于第 1 版对深圳城市更新项目的简单介绍，本书精选了华润大冲村、天安云谷与深业水围村三个项目，从项目概况、更新模式、更新效应及经验启示四个方面进行深入剖析，以期为其他类似的项目提供有益借鉴。

本书是在深圳市规划国土发展研究中心发展研究所主持开展的《深圳市城市更新(“三旧”改造)专项规划(2010—2015 年)》《深圳市城市更新“十三五”规划（2016—2020 年)》《深圳市城中村（旧村）综合整治总体规划（2019—2025 年)》等一系列城市更新课题的基础上编著完成的。主要编写人员如下：第 1—2 章李江，第 3 章贺传皎，第 4 章刘昕，第 5 章周素红，第 6 章王吉勇，第 7 章胡盈盈、王吉勇，第 8—10 章王旭，最后由王旭负责整理、李江负责统稿。此外，本书再版时还得到戴晴、邹兵、周丽亚、缪春胜、樊行、谭艳霞、覃文超、刘伯阳、谢安琪、马金辉、钟利容等同志的大力支持，在此一并表示衷心的感谢！

虽然再版过程我们的团队付出了很多努力，但也难免留有遗憾。由于本书编纂过程正值城市更新政策的优化调整期，书稿形成后，深圳又出台了若干专项领域的政策补丁，针对深圳更新深水期的发展要求，不断优化调整政府与市场、市区两级政府的权责边界，促进城市更新向管理更加规范、内涵更加深化的方向发展，本书无法一一尽言，希望日后通过其他方式以飨读者。再次感谢各位读者的信任与支持！

李江

2019 年 9 月

再版前言

改革开放以来，我国经历了世界历史上规模最大、速度最快的城镇化进程，城市发展波澜壮阔，取得了举世瞩目的成就。城市是各类要素资源和经济社会活动最集中的地方，城市发展带动了整个经济社会发展，城市建设成为现代化建设的重要引擎。当前，我国已经进入中国特色社会主义新时代，城市发展形势发生重大变化，城市人口、土地、资源和环境的紧约束持续加剧，重大基础设施布局亟待落实，空间结构和资源配置亟待调整优化，等等。要充分发挥城市规划的战略引领和刚性控制作用，坚持以人民为中心，引领高质量发展，走出一条体现时代特征、中国特色的社会主义现代化之路。党的十八大为城市的科学发展提出了新的要求：要牢固树立和贯彻落实创新、协调、绿色、开放、共享的五大发展理念，认识、尊重、顺应城市发展规律，更好发挥法治的引领和规范作用，依法规划、建设和管理城市……

当前我国许多城市都已进入存量发展阶段，城市更新则成为优化城市空间结构、提升城市环境品质、促进产业转型升级、提高人居环境质量的重要途径之一。那么城市更新的本质是什么呢？城市更新是城市新陈代谢的一个必然过程，是城市物质结构变迁的一种表现形态。“城市更新”不同于传统意义上的“旧城改造”或“旧城改建”，其内涵不只是关注拆旧建新或是城市物质环境的改善，还反映了城市综合性的可持续发展目标，意在通过一种综合的、整体性的理念和行为来解决各种各样的城市问题，强调在经济、社会、物质环境等各个方面对处于变化中的城市做出长远的、持续性的改善和提高。从这个意义上讲，“城市更新”是综合协调和统筹兼顾的目标和行动，是解决城市问题行之有效的综合性手段。从广义上讲，城市更新是城市社会发展的必然结果，它伴随着城市生长发展的全过程，适应不同时期人们的需要。

国内外经验表明，城市更新在促进城市空间与功能调整、提高土地利用效益、推进经济结构转型、复兴社区活力与振兴文化等方面具有重要意义。目前西方国家城市更新关注的焦点已超越物质空间的规划和组织，重点研究政府如何通过公共干预行为来实现旧城的复兴与历史文化保护。近10年来国内城市更新研究也突飞猛进，从过去的案例借鉴或单一改造类型在技术方法上的探讨，转向关注城市更新在社会民生、历史文化、产业转型、政策制度设计等多个方面的举措；从规划编制体系到制度的顶层设计等，进行了全面尝试和创新。但城市更新工作毕竟是一项复杂的系统性工作，它以整个城市为研究对象，从经济、社会、环境、管理、规划建设等多视角对城市整体层面进行综合集成的规划研究成果仍然较少，以至于已形成的较为完善的城市更新规划管理体系以及与之相配套的更新政策更是凤毛麟角。

深圳经济特区成立近 40 年来，其以改革创新为核心动力，凭借锐意进取的先锋精神，由一个边陲小镇发展成为人口超过 2 000 万的国际化大都市，用“深圳速度”和“深圳质量”创造了世界城市发展史上的奇迹。在经济社会、城市建设全面取得辉煌成就的同时，深圳也面临着新形势下如何更好地发挥其在“一带一路”倡议中的重要支撑作用，如何提升其在“粤港澳大湾区”中的引领作用，如何进一步提升国际化水平，以及如何保持可持续的创新能力等诸多挑战。同时，长期积累的内部结构矛盾也逐步显现，突出表现在土地资源日趋紧张、环境承载力不堪重负、创新空间不足、高品质的公共设施缺乏、人居环境有待提高、城市吸引力不足等。面对高质量发展中涌现的诸多问题，过去传统的土地利用方式和经济增长方式难以为继，城市更新则成为深圳解决城市存量问题的重要抓手。

深圳的城市更新不同于国内其他城市由于空间实体物质性老化导致城市功能衰退、经济萧条、活力下降等而启动的旧城改造，其要解决的是由于城市的快速发展所引发的城市超负荷运转、整体机能下降、城市内部系统的变化调适滞后于社会经济快速发展需求而导致的“功能结构性失衡”等问题。换句话说，随着经济的快速增长和城市空间的不断拓展，部分城市功能由原经济特区内向原经济特区外扩散和转移已成为转型期深圳城市功能调整的主要特征：原来的城市边缘区正逐渐演变成为城市新的中心区，原来的旧工业区、城中村也逐渐被高品质的商业、住宅所代替。伴随城市新增长极的出现，原有的用地性质、功能布局、景观形态及其配套设施已无法满足新形势、新定位下的城市发展要求，这必然需要对城市过时的建筑实体、配套设施及落后的功能片区进行更新改造，以适应新的土地用途。

经过 10 多年的探索和实践，深圳的城市更新工作已基本形成了较为完善的规划编制与审批体系、政策与制度顶层设计体系，两个体系相互作用、相得益彰，已成为如今深圳推动城市更新工作的重要指南和依据。本书在第 1 版研究的框架结构基础上，紧扣深圳发展的阶段特征，研究对象涵盖了城中村、旧工业区、旧城区等，研究方法采取基础理论综述、现场踏勘与实践调查、国内外案例分析、地理信息系统（GIS）的技术手段等定性与定量相结合的综合集成法，对涉及与城市更新密切相关的利益平衡、社会结构、公众参与等方面进行专题研究，重点对突出城市发展历程与城市更新互动关系、城市更新动力机制与评价体系构建、经济调控对城市更新的影响、城市更新与社会结构变迁、城市更新与低碳生态建设、城市更新规划体系编制规定、城市更新实施机制与制度建设体系等板块展开深入研究。因此，本书具有内容全面综合、研究视角广阔、方法创新务实、政策操作性强的特色，能为高度城市化地区规范城市更新规划管理、引导市场积极参与、创新规划编制技术方法、有序推进城市更新工作等提供有益借鉴和决策参考。

李江

2019 年 9 月

1 导论

所有城市空间的发展变化都可以通过四种因子的互动来加以解释，其中两种不变的因子类同于霍华德提出的城乡两个磁极，另外两个因子是生产技术和交通与通信技术。在城乡之间人类长久地寻找“资源增加”与“环境改善”这样两全其美的境地，生产技术的革命使人们不必全然依赖于直接通过土地获取自然资源来维持社会的需求，交通与通信技术的改进则在19世纪就已经使人类有可能向城市集中并进而扩张。

——刘易斯·芒福德

1.1 深圳城市发展背景

城市是人类文明进步的产物，是社会生产力发展的产物。在人类社会漫长的发展中，城市的生长和发展十分缓慢。工业革命后，随着工业化的发展，城市才在逐步实现工业化的国家里迅速发展起来。城市化是城市数量迅速增长的过程，是城市规模迅速膨胀的过程，是农村人口转变为城市人口的过程，也是人们生活方式改变的过程。城市化是人类社会发展的一个共同规律，深圳也毫不例外沿着这条农民进城、外来打工者进厂、城市规模不断扩大的道路向前迈进。

1.1.1 取得巨大的建设成就

深圳地处广东省中南沿海地区，东临大鹏湾，西接珠江口，背靠东莞、惠州两市，南邻香港，是中国最早的四个经济特区之一。“深圳”的地名于明永乐八年（1410 年）始见于史籍，清朝初年建深圳墟。当地方言俗称田野间的水沟为“圳”或“涌”，深圳因水泽密布、村落边有一条深水沟而得名。

1980 年 3 月 30 日，国务院在广州召开广东和福建两省工作会议，研究提出试办特区的一些重要政策，确定深圳、珠海特区的范围，并同意把原拟“出口特区”的名称正式改为“经济特区”。同年 8 月 26 日，第五届全国人民代表大会常务委员会第十五次会议通过了由国务院提出的《广东省经济特区条例》，正式宣告在广东省的深圳、珠海、汕头三个城市分别划出一定的区域设置经济特区。这一天也成为深圳经济特区的成立日。

深圳的成长是人类城市发展史上的奇迹。在短短近 40 年的时间里，它从一个只有 2 万多人的边陲小镇，成长为一个人口过千万、在国家经济中具有举足轻重地位的现代化大都市。深圳取得的成就得益于香港产业大转移和国内改革开放的大好形势。一方面，20 世纪 70 年代末，香港经济面临结构性调整和产业升级，其时恰逢内地实行“改革开放”，香港的制造业得以向广东北移，将深圳等珠三角城市作为生产基地，在长期的合作中，两地形成了“前店后厂”的合作模式。另一方面，国家在经济特区成立之初，给予深圳诸多引进外资方面的优惠政策，这成为深圳早期工业发展和城市大规模建设的原动力。在香港制造业转移与外向型政策优势的双重作用之下，早期深圳经济形成了以“三来一补”劳动密集型工业为主的产业结构。进入 20 世纪 90 年代，深圳的经济呈现快速增长趋势，进一步优化调整产业结构，提出了大力发展高新技术产业的战略决策。2002 年以来，高新技术产业成为深圳产业的第一增长点，形成了计算机及其软件、通信、微电子及其元器件、光机电一体化、视听、重点轻工、能源七大主导产业。“十三五”期间，深圳进一步明确了以新一代信息技术、高端装备制造、绿色低碳、生物医药、数字经济、新材料、海洋经济等新兴产业为主导的产业结构调整方向，科技创新能级全国领先，城市转型发展优势充分显现。

（1）经济综合实力显著提高

作为全国改革开放的“窗口”和综合配套改革的试验区，深圳始终坚持把创新作为发展的生命线和灵魂，经过近 40 年的发展，深圳的产业结构不断优化，初步实现了从以初级传统加工产业为主向高新技术产业的转变。建市以来，国内生产总值年均增长约 27.9%，创造了世界城市发展史上的奇迹。2017 年，深圳人均国内生产总值（GDP）达到 2.71 万美元，居全国大中城市首位。三次产业结构日趋优化，呈现二三产业协调发展的良好态势。新兴产业增加值占 GDP 的比重达到 40.9%，产业高端化发展特征突出。全市产业布局也更趋合理，形成了“产业链上下游衔接、原经济特区内外差异化发展”的空间格局。

（2）城市规划建设不断加强

原经济特区外基础设施和公共服务设施建设持续推进，经济特区一体化建设深入推进。广深港客运专线、厦深铁路投入运营，城市轨道交通建设按计划稳步推进。深盐二通道主线、盐坝高速公路 C 段、南光高速公路、南坪快速路等建成通车，盐田港集装箱码头扩建、大铲湾港一期、蛇口港三期、国际客运候机楼、深圳机场扩建陆域等项目陆续建成投入使用。随着城市建设规模的快速扩张，城市综合服务能力不断增强。

经过近 40 年的快速发展，深圳城市发展模式已由外延扩张向内涵优化转变。城市规划建设也更加强调“以人为本”，注重品质提升和协调发展。一是城市空间布局持续优化，福田—罗湖、南山—前海两大城市主中心的功能日益完善，光明、坪山、龙华等新城区建设如火如荼，深圳湾超级总部基地、后海中心区、大空港、留仙洞等全市重点片区建设有序推进，多中心组团式的空间结构日益清晰。二是经济特区一体化加快推进，通过经济特区一体化建设三年实施计划和攻坚计划，加大对原经济特区外各项基础设施和公共服务设施的投入力度，全面启动了原二线关口综合改善工程，缩小了原经济特区内外的发展差距。

1.1.2　面临严峻的内外挑战

在经济社会、城市建设全面取得辉煌成就的同时，深圳也面临着土地资源日趋紧张、环境承载力不堪重负、区域与城市之间的竞争日趋激烈等诸多挑战。

1）外部比较优势不断弱化

首先，全球经济复苏分化与贸易摩擦震荡升级。近年来，经济发达国家特别是美国的贸易保护主义情绪日益高涨，民粹主义、地缘政治带来的不确定性风险居高不下，世界经济发展的宏观环境日趋恶化。中美及全球贸易摩擦和科技领域博弈均存在升级的可能，加之美国联邦储备系统加息进入中段，人民币汇率波动加剧，而深圳出口占全国出口的比重约为10%，经济外向型特征突出，深圳本土的华为、中兴等高科技企业更是欧美国家贸易封锁和技术审查的重点对象。因此，国际贸易摩擦升级可能对深圳经济产业发展造成长期的负面影响，鼓励自主创新、加快转变经济增长方式成为深圳当前的核心任务。

其次，随着国家特区政策逐步普惠化，深圳的政策优势也在不断弱化。自1980年国家批准深圳、珠海、汕头和厦门设立经济特区以来，这些城市在招商引资、税收、地价等方面享受着优于国内其他城市的政策扶持。近年来，国家设立特区的范围不断扩大，对外开放程度不断提高，深圳作为第一批经济特区，相对优势弱化。2007年3月，第十届全国人民代表大会审议通过新的《中华人民共和国企业所得税法》，提出统一全国税制，内资、外资企业适用同一税率（25%），深圳经济特区内的企业也由原来15%的企业所得税调整到25%，经济特区最后一个特殊政策也到此终止了。

再次，交通基础设施的改善也弱化了深圳的区位优势。改革开放初期，深圳利用区位优势，依托香港，得到了快速发展。近年来，珠三角地区的交通基础设施条件得到了巨大改善，以港资为主的发展动力渐次向内地转移，逐步弱化了深圳赖以发展的区位优势，东莞、惠州等城市也得到了较快的发展。随着珠三角城市相互协作、合理分工的区域协调发展局面的逐渐形成，各城市之间在现代制造业、高新技术产业、现代服务业方面的合作日趋加强，拉动了区域基础设施的建设，如港珠澳大桥、深中大桥、沿江高速公路、广深港高速铁路、厦深铁路、深莞惠城际铁路、深港机场联动铁路等等，这些大型基础设施的规划建设，正在或已经改变了珠三角的区位格局，大大缩短了城市之间的时空距离，也拉近了各城市与香港的关系。从区域合作的角度看，深圳独有的口岸及边境城市的优势在不断弱化。

2）内部结构矛盾日益突出

深圳，这个依然年轻的城市，经过近 40 年的快速发展，在社会经济、城市建设等各方面取得巨大成就的同时，也最先遇到转型发展的瓶颈，受土地、空间、能源、资源、环境和人口等方面的制约，城市发展面临诸多困难和挑战，产业升级和空间布局优化的任务十分艰巨，城市内部发展不均衡的问题仍然突出。特别是经济社会快速发展与土地供给急剧下降的矛盾、城市功能在空间上的“二元”结构以及原经济特区内外综合服务水平、环境质量差异较大的问题，已成为制约城市快速发展的最主要因素。

深圳市陆域面积约为 1 997 km^2，不到上海、广州陆域面积的 1/3，不到北京市域面积的 1/8。由于地域空间的限制，深圳早在 1989 年就提出了“全境开拓”的发展思路，截至 2016 年年底，全市城市建设用地规模已经达到 947 km^2，逼近 50% 的承载力红线。虽然地域空间狭小，但是深圳经济及人口规模依然持续增长，截至 2017 年年底，全市常住人口达到 1 252 万人，按常住人口计算的市域人口密度约为 6 300 人/km^2，逼近以高密度著称的香港，如果按实际管理人口计算，实际已超过香港的人口集聚水平。产业经济和城市人口持续增长引发的空间需求，与城市超小地盘极度紧缺的空间供给之间的矛盾日益突出。

由于早年经济特区内外采取二元化的管理模式，原经济特区的建设主要依靠自下而上的集体经济发展，缺少系统的城市规划指引，城市形态与农村形态混杂，公共服务设施、商业配套、道路广场和生态绿地严重不足，“小集中、大分散”的情况占据主导，功能结构性缺陷较为突出。加之大量产权不清的土地实际掌握在原农村集体经济组织继受单位手中，无法进入市场流转交易，影响了空间资源的配置效率，加剧了空间供需间的矛盾。随着城市可开发用地资源的日趋枯竭，政府和市场都不约而同地将目光转向大量区位优越。在低效开发使用的存量土地上，城市更新不仅仅成为优化调整城市空间结构的主要手段，而且也成为破解城市空间瓶颈、提高城市发展质量的主要途径。

1.1.3 未来城市发展需求

国际经验表明，人均 GDP 超过 1 万美元是进入中等发达水平的标志点。在这一阶段，城市将推动产业结构高级化、城市功能服务化、增长模式集约化等多方面的巨大转型。2017 年，深圳的人均 GDP 超过 2.71 万美元，早已达到中等发达水平。在这一时期，城市产业结构进入加速升级换代阶段，外向型经济也逐渐向高端化迈进。伴随产业结构的调整，人们对生活环境和质量的要求也不断丰富和提高。与此同时，城市发展内部面临着土地、资源、人口和环境承载力等难以为继的硬约束。如果继续延续原有发展模式，长期积累的矛盾和问题将日益严重，城市发展将无法回避空间和资源短缺的束缚。同时，外部环境的变化使得深圳原先独具的政策优势、区位优势等逐渐弱化。概而言之，深圳的发展既面临着“发展机遇期”，也存在“矛盾凸显期”，并由此引发了政府和社会各界对城市转型与城市发展定位、方向的深入思考。

《珠三角地区改革发展规划纲要（2008—2020 年）》提出，深圳要继续发挥经济特区的窗口、试验田和示范区作用，增强科技研发、高端服务功能，强化全国经济中心城市和国家创新型城市的地位，建设中国特色社会主义示范市和国际化城市。“一区四市”的定位是发挥经济特区优势、实现“在创新中转型，在转型中跃升”的重要指南，在复杂多变的外部环境和科学发展的内在要求下，为建设国际化城市指明了新的发展路径。

《粤港澳大湾区发展规划纲要》中明确了深圳要“发挥作为经济特区、全国性经济中心城市和国家创新型城市的引领作用，加快建成现代化国际化城市，努力成为具有世界影响力的创新创意之都”。这既是对深圳以往城市建设的充分肯定，同时也是对深圳未来发展提出了更高的要求和期望。

《深圳市城市总体规划（2010—2020 年）》确定了深圳的主要职能，即国家综合配套改革的试验区，实践自主创新和循环经济科学发展模式的示范区。其发展总目标是继续发挥改革开放与自主创新的优势，担当我国落实科学发展观、构建和谐社会的先锋城市；实现经济、社会和环境协调发展，建设经济发达、社会和谐、资源节约、环境友好、文化繁荣、生态宜居的中国特色社会主义示范市和国际性城市；依托华南，立足珠三角，加强深港合作，共同构建世界级都市区。

《深圳市国民经济和社会发展第十三个五年规划纲要》提出，深圳要努力建成更具改革开放引领作用的经济特区；努力建成更高水平的国家自主创新示范区；努力建成更具辐射力带动力的全国经济中心城市；努力建成更具竞争力影响力的国际化城市；努力建成更高质量的民生幸福城市；加快建成现代化国际化创新型城市；加快建设国际科技、产业创新中心，在全国率先全面建成小康社会。

综上所述，不论是国家层面、区域层面还是地方层面，都对深圳未来的发展提出较高要求，现代化国际化创新型城市和国际科技、产业创新中心的发展定位和先行先试的示范作用，势必推进深圳全面转型，逐步摒弃以低价格土地资源和劳动力作为基本要素推动经济发展的模式，通过优美的环境、完善的服务促进传统产业的升级，承接高端产业，吸引高级生产要素的聚集，这才是深圳今后真正需要发挥的优势所在。

促进社会经济全面转型的重要前提是促进土地资源的合理利用，追求空间利用效益最大化的意义远远高于寻求成本的最小化。城市更新则是促进城市用地功能调整、提高土地利用效益、完善城市配套设施、提升城市环境配置、加快产业结构优化升级的重要手段，同时也是挖掘存量土地资源潜力、解决城市空间资源不足的有效途径。深圳独特的发展条件和发展历程，又决定了其城市更新问题不同于内地其他城市对棚户区、老城区、旧厂房的拆旧建新，而是涵盖城中村、历史街区、老商业区、老仓储区、旧居住区及旧工业区等具有不同特征和改造对象的系统工程，涉及产业结构、城市建设、生活环境、社会文化等众多复杂内容。其中，城中村改造主要解决在急剧城市化过程中遗留下的村镇小区建设问题，而其他对象的改造则是解决城市发展中结构性和功能性衰退问题。

1.2 国内外城市更新研究综述

1.2.1 国外城市更新研究进展

旧城更新理论始于西欧，而西欧对于旧城更新的研究则以奥斯曼（Haussmann）的巴黎改建和霍华德（E. Howard）的“田园城市”最为经典。在《明日：一条通向真正改革的和平道路》（*Tomorrow：A Peaceful Path to Real Reform*）中，霍华德以其“田园城市”理论建立了一种城市构架，试图从“城市—乡村”这一层面来解释城市问题，从而跳出了就城市论城市的观点，把旧城更新改造放在区域的基础之上，这也为后来的雷蒙德·昂温（Raymond Unwin）、贝里·帕克（Bailey Parker）的“卫星城理论”和伊利尔·沙里宁（Eliel Saarinen）的“有机疏散理论”打下了思想基础。西方的各级政府面对这种严峻的城市形势和巨大的社会压力，也逐渐着手进行政府主导的城市更新行动，如罗斯福新政中以拆除贫民窟将其居民搬迁到郊区为主要内容的“绿带建镇计划”等。但是真正具有广泛社会影响力、将物质性改造与公共政策整体考虑的旧城更新，应该说是从1945年二战结束之后才在西方全面开始的，以1949年美国《住宅法案》（*The Housing Act*）的颁布为标志。英国和美国在旧城更新方面的实践和理论成果最为丰富，影响也最大。

1965年，历史学家斯科特·葛瑞尔 (Scott Greer) 的《旧城更新与美国城市》（*Urban Renewal and American Cities*）一书，针对联邦政府更新政策的矛盾，指出联邦政府的改造计划是试图将两个不同的问题放在一起解决，即非标准住房在中心城市的存在和中心商业区在大都市经济中的地位下降。对于第一个问题，旧城更新的做法是把贫民窟从内城清除掉，但这样的旧城更新则减少了原有的贫民住房选择。对于第二个问题，由于旧城更新与重振中心商业区这一目标是一致的，因而易于解决。1982年，荷兰奈美根教会大学的奈尼森（N. J. M. Nelissen）在《西欧旧城更新》（*Urban Renewal in Western Europe*）中通过对西欧八个国家八个不同规模城市的更新研究，提出旧城更新的本质和特性随着城市规模的大小而有所变化，更新过程中所面临问题的轻重缓急也各有不同，以至于所进行的更新方式各有其普遍性和独特性。罗杰·特兰西克（Trancik，1986）指出美国所实行的城市更新及分区政策是造成现代主义都市空间感丧失的主要原因之一。他认为，20世纪以后，勒·柯布西耶（Le Corbusier）及其信徒所传播的“机能主义”（Functionalism）极大地影响了现代城市的空间走向，为当代旧城改造埋下了具有危险性的伏笔。随着大规模改造的推广，对社会、经济和城市生活方面的负面影响日益暴露，反而造成了旧城的进一步衰败和新贫民窟的形成。2000年，彼得·罗伯茨（Peter W. Roberts）和休·塞克斯（Hugh Sykes）在《城市再生手册》（*Urban Regeneration：A Handbook*）一书中，以英美为例，介绍了城市更新的发展背景及其关注的若干焦点，并借鉴欧美城市更新的经验，探讨城市更新的发展趋势与美好前景。

在城市更新的理论与实践上，西方国家关注的焦点已超越物质空间的规划和组织，重点研究政府如何通过公共干预行为来实现旧城的中心区复兴与历史文化保护。

1）多途径重振旧城中心区活力

一是强调通过公共政策与立法来推动旧城中心区复兴。由罗杰斯勋爵（Lord Rogers）领衔的城市工作组（The Urban Task Force）于1999年推出了著名的报告《迈向城市复兴》（*Towards an Urban Renaissance*），开宗明义地提出要在可行的经济和法律框架内“提供实际的解决方法来吸引人们重返城镇和邻里”，以实现旧城中心区的复兴。内奥米·卡门（Naomi Carmon）于1999年发表了一篇名为《三代旧城更新政策：分析与政策含义》（*Three Generations of Urban Renewal Policies：Analysis and Policy Implications*）的文章，基于20年来对美国和欧洲旧城更新政策和项目的研究，提出了旧城更新政策所经历的三个过程——推倒重建、修复和城市再生，并通过对这三代政策分别代表的案例分析，提出一套优于早先城市再生的推荐政策，即对人与场所的尊重。罗伯茨等在2000年对英国旧城更新进行了细致的描述和分析，并对旧城更新改造问题进行了分类阐释，将其分为经济更新与资金来源问题，物质环境更新问题，社会和社区问题，就业、教育与培训问题，住房问题等，并从土地发展与相关立法、政府的控制与评价、组织与管理等角度提出了相应的解决方案。克里斯·考奇（Chris Couch）、查尔斯·弗雷泽（Charles Fraser）和苏珊·珀西（Susan Percy）于2003年在英国牛津发表《欧洲城市再生》（*Urban Regeneration in Europe*）一书，通过对英国、法国、荷兰、比利时、意大利、德国六个国家共八个城市和地区的案例解读，分析了城市再生给经济因素和自然因素带来的影响，对其制度和政策情况以及新的政策事项也做了深入剖析。

二是通过产业发展带动旧城中心复兴。帕奇·希利等（Healey et al.，1992）等关注在英国如何采用各种市场化手段来带动旧城更新与功能置换，包括土地市场的利用、新兴产业的替代发展、金融与资本市场的运作、房地产市场的兴起、各类商业的蓬勃发展等诸多领域，以期促成城市经济的健康发展、环境质量的提高和社会公正目标的实现。西奥多·吉尔曼（Gilman，2001）比较了日本与美国地域城市衰退的过程和方式，通过对两国城市再开发背景和所面临的危机的分析，延伸到各自采取的政策和战略，重点对市场条件下的旧城复兴手段进行了解析。罗杰·肯普（Kemp，2000）在《中心区更新：公众与公共管理》（*Main Street Renewal*：*A Handbook for Citizen and Public Officials*）一书中汇集了美国旧城中心街区更新的研究成果，对旧城中心区更新与经济发展、公共管理的互动联系进行了阐述，强调政府、市场与社区在更新历程中的全面合作。他将规划、旧城保护与城市发展、经济复苏等结合起来，将其视为共同促进中心区复兴的工具，提出了设立历史复兴税收、维持旧城小型零售商业发展、强化停车管理等多元化的措施，体现了广泛的解决旧城开发问题的视角。另外，他在《内城更新手册》（*The Inner City*：*A Handbook for Renewal*）中介绍了通过设立商业改善区（Business Improvement District）、设立旧城保护奖励制度等方式来实现更新保护目标的做法，也介绍了名目繁多的旧城更新具体手段，如通过博物馆等文化设施建设、促进小型商业发展、建设交通设施（如火车站）等方式刺激旧城的更新。

三是多元合作机制对旧城中心复兴的影响。以埃莉诺·奥斯特罗姆（Elinor Ostrom）、迈克尔·麦金尼斯（Michael Mcginnis）等为代表的公共管理学者，对传统崇尚政府威权中心的"单中心理论"发起了挑战，提出了广受关注的"多中心理论"。该理论认为，城市管理应当从政府单一的垄断性权威中摆脱出来，把治理权利授予多元社会主体，以形成多层次的交叠管理和市场化竞争。受多中心理论影响，"新公共管理"思潮在发达国家正蓬勃地涌动，其核心在于打破公共部门与私营部门的传统壁垒，在政府管理进程中引入市场机制，实现灵活的公私合作，以达成公共政策目标。这些也为分析规划管理方式的变革方向提供了有益的启示。1992 年，美国"都市土地混合使用开发协会"（Urban Development and Mixed-Use Council）分析了旧城中心区的商业潜力，提出为了促进中心区复苏，必须调动一切可行的力量与资源投入这项耗费巨大的工程中来，尤其强调了作为公共部门的政府与作为私人部门的企业之间开展密切合作的必要性。弗里茨·瓦格纳等（Wagner et al.，2000）关注城市中心区复兴中的资本运作问题，他们对美国城市中心再开发过程中的资金运作进行了研究，从城市中心区更新对当地社区的影响、城市复兴的工具性政策等方向展开讨论，并以纽约等城市为例，具体讲述了设立商业改善区、利用体育产业发展带动等方式。肖恩·兹尔兰班奇（Zielenbach，2000）从社会学角度对改善旧城衰败地区进行了探索。乔纳斯·戴维斯（Davies，2001）研究了英国城市更新中的政策，通过对不同城市的分析，提出在市场引导下需要采用公私合作的方式来实现城市的增长。罗伯·伊姆利等（Imrie et al.，2003）呼吁在城市复兴过程中重视社区，充分发挥当地社区在制定城市政策中的参与作用，以实现社会可持续发展目标。格温达夫·威廉姆斯（Williams，2003）则指出，对于城市中心复苏的重视应当建立在不断增强的政策手段之上，为此他提出在这个变幻莫测的城市发展进程中，要引进企业化的机制来促进城市进步，要采用崭新的政府治理模式和政治经济合作模式。其以曼彻斯特市中心更新为例，介绍了从总体规划、项目开发到实施过程中各个利益集团和领导者密切合作的方式，这种合作最终为曼彻斯特中心区的活力恢复提供了坚实的保证。

四是关注城市更新带来的绅士化过程和社会结构转变。李（Lee）等指出，各国主导的以居住混合为手段、促进各阶层融合的绅士化政策，寄希望于通过中高阶层重新回归城市中心的老旧住区，从而将其社会资本传递到中低阶层。乌特马克（Uitermark）也认为，绅士化是国家主导的为缓和社会冲突与减少贫困的一项公共策略。但祖克等人（Zuk et al.，2015）、奥斯藤森等（Austensen et al.，2016）研究者认为，上述政策的实施效果并不尽如人意，绅士化过程伴随着的往往是对原有低收入阶层和原住民的居住权的冲击。

2）加强旧城保护更新的实践

一是政府加强市场机制下对旧城更新与历史文化资源的保护。希若·波米耶（Paumier）针对美国城市中心区所面临的环境问题，以实际体验为基础，认为过度商业化与单一的办公用途是旧城中心区衰落的开端。其认为，彻底拆除原有地区再开展大规模开发的做法将会付出极高的社会经济成本，推行市郊开发的房市会破坏市中心在步行环境方面的特征，而市中心区的传统模式、开发尺度、建筑和历史等对于公众来说是具有特殊的价值和意义的，因此在开发过程中应推广保护旧城中心区“特殊价值”的规划设计方法，并加强政府组织的作用以及保护管理。麻省理工学院城市规划系的舒斯特（Schuster，1997）更为明确地提出了政府应当采取各种经济手段来促进市场条件下历史文化遗产的保护。安吉拉·菲尔普斯等（Phelps et al.，2002）以北欧地区为例，介绍了有关历史资源利用的政策、实践与效果。卡罗琳·弗兰克等（Frank et al.，2002）重点研究了美国旧城历史地段保护的规划管理体系、方式，特别强调了从国家到地方各级政府在旧城保护中的重要作用。帕罗特（Pratt）提出，通过对旧工业建筑的更新，加强文化类基础设施的建设和供给，培育创意产业发展，从而推动城市文化和经济的发展。

二是多维度开展历史文化名城和名镇的保护性城市更新。理查德·科林斯（Richard Collins）等描绘了美国 10 个典型历史城镇在市场经济冲击下所面临的两难困境，它们中的大多数采用了加强政府调控的方法，主动引导市场和民众的意愿向着有利于旧城保护的方向前进。他们介绍的内容包括：在旧城开发进程中如何采用民主参与的方式，如何与不同的利益集团进行有效的博弈，传统的开发权转让是否可以有效运用等。罗伯特·皮卡德（Robert Pickard) 在《历史中心区的管理》（*Management of Historic Centres*）以及《历史遗产保护的政策和法律》（*Policy and Law in Heritage Conservation*）两部著作中，选择了发达国家、发展中国家、传统社会主义转型国家等不同类型的著名历史性城镇，深入探讨旧城传统中心区更新与保护的管理、规划、法律与公共政策等内容。珍妮·玛丽·图托尼科（Jeanne Marie Teutonico）等汇集了国际古迹遗址理事会（International Council on Monuments and Sites，ICOMOS）组织的第四届国际论坛有关旧城保护的论文，从可持续发展的角度对历史环境的保护做了经济学和城市发展意义上的探讨，并且对历史城镇的保护做了实证性的解析。艾琳·欧巴斯利（Aylin Orbasli）也开展了对于历史性旅游城市的研究。她对利用旅游带动历史性城市发展的做法进行了实证性的论述，强调在旅游发展中，应重视历史文化资源，维护原有居民社区的利益，对于旅游所带来的负面影响必须及早加以防范和控制。

三是以新兴产业带动历史文化资源的再利用。史蒂文·蒂耶斯德尔（Steven Tiesdell）对旧城历史地段在市场中的经济价值进行了论述，强调重新审视历史地段在促进城市经济发展与复兴方面的重要性。阿什沃斯等（Ashworth et al.，2000）在《历史性旅游城市：关于历史古城管理的回顾与展望》（*The Tourist-History City*：*Retrospect and Prospect of Managing the Heritage City*）中，对西方世界渐为流行的历史性城市与文化旅游相结合的开发方式进行了理论总结。其中对历史性城市的规划、管理和市场化开发加以详细论述，还分别结合单一功能的城市、多功能的城市以及不同规模的城市探讨了政府实施管理的要素。拉坦迪普·辛格（Ratindeep Singh）在《历史文化和遗迹旅游动态》（*Dynamics of Historical Culture and Heritage Tourism*）一书中，对“历史、文化和遗产旅游”之间的动态关系进行了研究，对历史和文化要素作为文化旅游吸引物的现象进行了历史回顾，同时对遗产旅游与当地经济发展规划、后现代建筑和城市设计之间的联系进行了较为详细的解读。

1.2.2 国内城市更新研究进展

国内对旧城更新的理论研究起步较晚。20 世纪 80 年代早期，旧城更新研究的主题集中在历史文化名城的保护上，至 1989 年《中华人民共和国城市规划法》（以下简称《城市规划法》）颁布后，旧城更新才作为规划术语正式出现在官方文件中。1984 年在合肥召开全国首次旧城改建经验交流会；1992 年清华大学与加拿大不列颠哥伦比亚大学联合举办了

“国际城市改造高级研究会”；1994 年在南京召开了“城市更新与改造国际研讨会”，并出版了会议专著《旧城更新与改造》；1995 年中国城市规划学会在西安召开了“旧城更新”学术研讨会；1996 年在无锡成立了城市更新专业学术委员会，同年第一期《城市规划》杂志以“城市改造——一个值得关注和研究的课题”为主题展开讨论，显示了学术界对此的关注。自 2000 年以来，城市更新逐渐成为城市规划的热门话题，每年召开的城市规划年会中，城市更新分论坛备受规划师热捧，城市更新相关学术论文一年比一年多，内容涉及经验借鉴、更新模式、体制机制、规划编制、案例剖析等等。2016 年 12 月 17 日，经过两年的酝酿和筹备，中国城市规划学会城市更新专业委员会在东南大学恢复成立，来自北京、上海、深圳、重庆、南京、杭州、青岛、沈阳、武汉、西安等地的领导和专家学者参加了此次会议，显示了我国学术界对城市更新工作的高度重视。目前，国内对于城市更新的研究成果较为丰富，已经从过去多集中于单一的规划技术和案例分析，逐渐走向通过城市更新政策制定与制度建设来有序引导项目实施的全方位发展阶段。

1）对城市更新内涵与目标的思辨

国内学术界从本质出发，对更新内涵与目标进行深入的思考。1983 年，吴良镛先生借用“城市有机更新理论”，对北京旧城改建学术思想进行了反思，之后提出了“有机更新理论”，指出城市是千百万人生活的有机载体，构成城市本身组织的城市细胞总是不断地新陈代谢，应该通过持续的城市“有机更新”走向新的“有机秩序”。何红雨（1991）将北京旧城居住区的再开发作为一个大系统进行综合研究，目标是使旧城的环境、历史文化的保护更新能够与社会经济发展取得新平衡。阳建强和吴明伟教授（1999）撰写的《现代城市更新》一书，从旧城更新的历史发展角度出发，分析和探究了西方现代旧城更新运动的思想渊源和政策演变，并以英美为例，阐述了现代旧城更新的基本特征和发展趋向。2010 年，李江等在深圳市城市更新专项规划研究中提出深圳的城市更新不仅和内地其他城市一样面临空间实体的“物质性老化”，而且面临由于城市超负荷运转、整体机能下降等引起的“功能性衰退”，以及城市内部系统的变化调适滞后于社会经济的发展需求而导致的“结构性衰退”。2005 年，王世福等提出城市更新的目标是强调原有建成环境改善的同时不减损原权利主体的权益，注重公平兼顾效率，并追求更优综合容量的城市可持续发展；明确城市更新的基本职责是维育建成环境，拓展职责是协调城市再开发。

2）对城市更新方式与手段的探索

伴随国内更新实践的开展，国内学术界通过案例总结和国际经验借鉴等方式，不断加深对不同更新手段及其适用条件与实施重点的认识，因而更加强调多元更新的重要性。王景慧等对旧城更新与历史名城保护的关系做了分析，提出要注意保护名城特色，又对历史文化名城的保护与发展、保护的内容与方法、保护规划与制度等一系列问题做了系统的阐述。袁铁声借鉴国外城市中心商业区再开发实践经验，论述了城市中心商业区再开发工作的具体过程与方式，希望使实际更新工作中所出现的各种矛盾冲突都能在整体发展观念与计划策略的引导下得到妥善解决。王佐（2002）通过对我国公共空间环境整治的原因、必要性、与经济的相关性的分析研究，从经济、规划设计和管理方面提出了当前我国城市中心区环境整治的理论与对策。方可（2000）在《当代北京旧城更新：调查·研究·探索》一书中，讨论了北京旧城居住区的保护与发展问题，对现行的大规模改造方式进行了批判性反思，并从战略和战术两个层面提出了北京旧城有机更新理论研究框架，拓展了有机更新理论的内涵，进一步发掘了吴良镛教授所提出的"有机更新理论"的内涵。倪岳翰（2000）通过对福建泉州古城历史文化资源保护和旅游发展相结合的研究，提出历史保护和旅游业的发展可以相得益彰。沙永杰等（2002）结合上海新天地改造项目的实例，介绍了如何在具有一定历史文化资源优势的街区，开展以商业或旅游为导向的旧城改造工作。当然，关于这一模式是否能成为具有示范效应的旧城改造样板在学界和舆论界至今仍然属于引起高度关注与争议的议题。焦怡雪（2003）通过对什刹海历史文化保护区烟袋斜街片区的个案研究，从规划、操作实施和管理的不同角度，对社区发展与旧城历史保护区的结合途径进行了探讨。李江等在深圳市城市更新专项规划研究中创新性地通过社会、经济、空间、生态环境、交通及市政基础设施等因子叠加，利用综合集成方法来评价深圳城市更新方式。杨震则从城市设计角度，提出将城市设计纳入综合性的城市更新战略，以更好地控制更新项目的空间形态，从而塑造建筑与场所标志性、促进旧区活化。邹文旋等以深圳为例，梳理了城市更新规划面临的困境及更新项目的缺陷，以城市更新单元为例，探讨了以改造功能区划定与分类规划管理为手段编制更新规划的思路。

3）对城市更新制度建设的研究

随着各地旧城改造活动的深入开展，学者们开始重视对城市更新制度化建设与管理的相关研究。魏清泉（1997）以广州市荔湾区金花街为对象，在土地政策、住房政策、人口政策、城市开发体制、城市规划体制、金融政策等方面进行了探讨。耿慧志（1998）从背景条件、历史进程、运作机制、更新方式等方面对中外城市中心区更新进行比较，对我国城市中心区更新的宏观背景、动力机制和现实特征进行分析，并提出相应策略。郭湘闽（2006）在《走向多元平衡——制度视角下我国旧城更新传统规划机制的变革》一书中选择制度分析的视角作为突破口，引入新制度经济学和公共管理学的前沿理论，对我国由政府主导的一元规划机制展开了剖析，认为应全面建构政府力、市场力和社会力多元平衡的新型规划机制。万勇（2006）在《旧城的和谐更新》一书中，详尽地阐述了旧城更新与城市发展的互动机理、房屋拆迁补偿安置的内在机理、旧城区居民动迁的驱动机理、房屋拆迁当事人的博弈和房屋拆迁补偿安置中的几个重要关系，提出构建旧城调谐机制的基本理念，包括更新项目社会评价机制、自组织旧住房改建模式等五个方面的制度建设内容。姚一民（2008）在《“城中村”的管治问题研究——以广州为例》一书中，以广州城中村为例，从改制及社区发展中的管治问题入手，对城中村改制中的利益和行动问题进行分析,提出建立新型的社区管治架构。他认为，政府是改制与社区发展的主导力量，并应围绕基层政权建设重构城中村社区关系网络。王吉勇等（2009）构建了转型时期深圳城市更新评价的目标体系，利用层次分析方法和专家决策支持系统量化分析影响城市更新工作的诸多因素，提出制度因素是影响城市更新有效推进的关键因素。张杰（2010）在《从悖论走向创新——产权制度视野下的旧城更新研究》一书中围绕“产权制度与旧城更新悖论”展开论述，通过对旧城更新规划制度中的拆迁制度、土地制度、住房制度、遗产保护制度、城市规划管理制度的变迁、制度设计内容以及制度安排进行深入剖析，提出要以改造或再造现行旧城更新体制为前提，以明晰产权关系为基础，推动旧城更新规划制度创新，构筑以社区为核心的多元平等、公平协商下的旧城更新多元合作机制。韩明清、张越（2011）在《城市有机更新的行政管理方法与实践》一书中结合杭州市道路综合整治、背街小巷改善工程和庭院改善工程，从行政学的视角来探索城市更新的组织实施方式，提出了一套较为完整的城市有机更新管控体系以及“四问四权”的公共参与制度,具有较强的可行性与实践性。袁奇峰等从城市政体理论“政府—社区—市场”三元视角跟踪研究佛山市南海区联滘地区的更新过程，提出地方政府必须通过政策供给和财政保障促进“社会资本”的正向积累，通过重建信任才能取得地区的统筹开发权；作为村社共同体的村集体，因为拥有存量集体建设用地，在与地方政府、开发商的谈判中拥有极强的话语权；而基础设施的改善与规划供给则提升了土地区位价值，诱导开发资本进入，三者共同构建了一个“协商型发展联盟”。邹兵指出深圳城市更新是存量发展模式的重要实践，其意义在于存量土地的挖潜利用、摆脱土地财政的依赖以及更新机制的创新，其局限性在于无法超越对经济增长的追求，也受制于国家整体发展环境和财税体制，难以实现彻底的发展转型。

1.3 城市更新概念界定

1.3.1 城市更新概念的一般内涵与发展历程

关于“城市更新”的内涵、定义、本质等已有不少研究进行过论述。1958 年 8 月，在荷兰海牙市召开的第一次城市更新研讨会，对城市更新定义如下:“生活于城市中的人，对于自己所住的建筑物、周围的环境或通勤、通学、购物、游乐及其他的生活，有各种不同的希望与不满，如对自己所住房屋的修理改造，对街路、公园、绿地、不良住宅区的清除等环境的改善，尤其对于土地利用的形态或地域地区制的改良，大规模都市计划的实施，以便形成舒适的生活、美丽的市容等，都有很大的希望。城市更新可分为重建（Redevelopment）、整建（Rehabilitation）及维护（Conservation）三种。简言之，重建就是将市区地上物予以拆除而再做合理的使用；整建就是将建筑物的全部或一部分予以修理、改造或换新设备，使其能继续使用；维护就是对现在尚无不满的建筑物或区域，事前考虑使其不再恶化的状态。”

《住房城市规划与建筑管理词汇（中英对照）》中“城市更新”的定义是，通过清除和改造房屋、基础设施和宜人事物而对衰退邻里进行改造，更新地段内的一个特点是贯彻执行建筑法规和对房产修复后重新利用。城市更新活动可由联邦和地方财政共同投资，或仅由私人投资。

20世纪50年代以来，西方类似的概念发生了六次明显的变化，即50年代的“城市重建”（Urban Reconstruction），60年代的“城市复苏”（Urban Revitalization），70年代的“城市更新”（Urban Renewal），80年代的“城市再开发”（Urban Redevelopment），90年代以来的“城市再生”（Urban Regeneration）和“城市复兴”（Urban Renaissance），每个概念都包含了丰富的内涵和时代特征，代表了西方国家城市更新的不同发展阶段，并具有连续性。

1.3.2 本书对城市更新概念的内涵理解

我国传统上将“城市更新”称之为“旧城改造”“旧城改建”“旧区整治”等。吴良镛先生认为，20世纪50年代以来，许多城市推行的“旧城改建”严格来说是不确切的，被社会误解成了要适应现代生活就要对旧城大拆大改。因此“旧城改建”宜改为“城市更新”。吴良镛先生对“城市更新”做了如下定义：城市更新包括改造、改建或再开发（Redevelopment），整治（Rehabilitation）和保护（Conservation）三方面的内容。改造、改建或再开发是指比较完整地剔除现有环境中的某些方面，目的是为了开拓空间，增加新的内容以提高环境质量；整治是对现有的环境进行合理的调节利用，一般只做局部的调整和小的改动；保护则指保留现有的格局和形式并加以保护，一般不许进行改动。可以看出，吴良镛先生对“城市更新”所做的定位比“旧城改造”要更为宽泛。

传统“旧城改造”的概念过多关注物质层面的技术方法，而忽视了社会和经济层面的价值问题。旧城物质环境的衰败只是多元化城市问题的症状而非根源，单纯靠环境建设的思维并不能解决由多种因素引起的旧城问题。本书认为“城市更新”不仅指拆旧建新或是城市实体环境的改善，更多地反映了综合性的可持续发展目标，旨在通过一种综合的、整体性的观念和行为来解决各种各样的城市问题，强调在经济、社会、物质环境等各个方面对处于变化中的城市地区做出长远的、持续性的改善和提高，而且应根据城市本身的特点，城市更新的内容、方式和模式等方面有所侧重，需审慎地开展更新，即西方目前所推行的“审慎更新”（Careful Renewal）。

1.4 研究内容、方法与结构安排

1.4.1 研究内容

1）城市发展历程与城市更新关系研究

城市的发展演变与城市更新关系密切，从某种程度上看，城市更新是城市形成、发展、走向成熟的必经过程，城市发展史本身就是一部城市更新史。这部分内容笔者将从城市发展演变角度来分析深圳在不同历史阶段城市发展的特点、面临的主要问题以及政府及市场对待阶段问题所采取的应对措施，并在此基础上分析城市更新存在的问题，对空间、社会、经济、文化、管理等方面进行深入剖析，为城市更新规划编制与制度建设提供基础资料。

2）城市更新动力机制研究与评价体系构建

城市更新作为城市自我调节机制，是城市发展的一种常态现象。然而，触发城市更新的因素或动力是什么？这些因素有何特点，又是如何影响城市更新的？这些是城市更新相关研究以及规划制定首先应该明确的问题。本书在参考国内外城市更新基本理论和最新理念的基础上，借鉴“触媒理论”，把城市比作生命体，把城市更新看作生命体的自我新陈代谢，即一种自然的、必需的、持续的、规律的活动，并从“诱发媒”或“催化剂”的视角来分析城市更新动力机制。在城市更新动力分析的基础上，结合对深圳全市城中村、旧工业区、旧城区的现状调研以及城市发展趋势的判断，围绕空间、产业、社会、生态四个方面的城市转型发展需求，提出深圳城市更新目标，并构建城市更新评价体系，对更新地区的重要性与紧迫度进行评判与识别，以此作为确定全市各类更新对象的规模、更新方式、更新时序与空间分布的基础。

3）城市更新与社会结构变迁研究

广义的城市更新包括物质空间与和非物质空间两个层面，在新一轮城市更新过程中，除了物质空间层面的更新外，还应着重考虑来自社会、文化、经济和组织管理等多方面的城市非物质空间的更新与提升。城市更新改造将对城市的社会结构、人口结构、产业结构以及地方文化产生深远的影响。作为主要改造主体之一的集体股份合作公司在推动城市化进程、加快经济特区外城市建设、促进社会结构变迁等方面发挥着重要的作用。城中村改造以及大量旧工业区与厂房的改造无不与集体股份合作公司密切相关。因此，重建有序的基层社会组织关系，加快改造后的城中村融入现代城市管理，将是城市更新的重要工作目标之一，同时也是社会结构变迁的重要方面。本书探讨研究不同集体股份合作公司治理模式与城市更新改造之间的关系，分析社区转型及其对社会结构变迁的影响，最后提出集体股份合作制改革与社区转型的实施路径，为城中村和工业区改造提供经济、社会与制度方面的支撑。

4）城市更新中“低碳生态”理念的探索与实践

随着全球气候变暖以及生态环境的恶化，人们越来越认识到城市发展与生态和谐的重要性，可持续发展已成为当今城市发展的重要课题，“低碳生态”理念作为实现城市建设可持续发展的理念受到社会各界的广泛关注。城市更新作为土地二次开发的一项重要手段，是践行低碳生态建设的重要方面。在城市更新各环节中落实与强化低碳生态的具体内容，是体现低碳生态理念的重要表现。本书试图通过解读“低碳城市”的设计理论，从规划理念、规划目标、规划方法、规划实操多个层面来探索在城市更新过程中实现社会、经济、生态环境和谐发展的途径与方法。

5）应对转型的城市更新规划探索

城市规划作为一定时期内城市经济与社会发展、土地利用、空间布局以及各项建设的综合部署、具体安排和实施管理，对城市建设具有整体统筹与先导作用。在转型时期，城市更新有何特点，更新方向是什么？如何开展更新活动才能有效地促进社会经济的全面转型发展？如何保证综合性、全局性的更新目标在具体更新项目实施中有效执行？这都是城市更新规划应明确并提出相应解决方案的问题。

本书基于深圳的探索实践，从两个层面总结了更新专项规划编制经验。在宏观层面，以全市更新专项规划为抓手，根据全市发展方向和更新实际情况，明晰全市城市更新工作的总体战略和目标，确立城市更新的主要方向，对城市更新的规模和结构进行合理安排，强化不同类型更新的空间引导，明确、更新、落实配套设施以及其他公共利益项目的规模与空间指引。在微观层面，以城市更新单元规划为抓手，突破单纯按照权属和土地利用功能，明确更新项目的目标定位、更新模式、土地利用、开发建设指标、公共配套设施、道路交通、市政工程、城市设计、利益平衡等方面内容，通过更新单元规划，建立协调公益和非公益、刚性与弹性的平台，实现城市更新运作的公平与效率。

6）城市更新实施机制与制度建设

城市更新的成功，除了需要目标明确、指引清晰、行动有效的具体规划方案外，更多的是需要有保证规划落实的实施机制与措施，以及相应的城市更新管治制度建设。本书回顾了近 10 年来的深圳城市更新制度建立过程，总结了深圳更新领域的政策体系、管理体系和规划体系，以及在公共项目配套建设、开发强度审批、历史遗留问题处置等重点领域的政策实践探索。

1.4.2 研究方法

1）基础理论研究

一方面，通过对近年来国内外城市更新研究的基础资料进行文献查阅与跟踪分析，采取辩证思维法、历史研究法、比较分析法等方法，系统梳理国内外城市更新的研究进展，归纳总结出国内外城市更新研究的特点，为我国城市更新的研究与实践提供参考。另一方面，结合城市更新的规划实施与管治要求，对相关理论（主要包括经济学方面的级差地租理论和产权交易理论，城市规划方面的精明增长理论和城市触媒理论，政治学方面的城市政体理论与城市管治理论等）进行整理，从城市更新的角度分析这些理论的实际应用，以此作为城市更新综合评价、经济分析、制度建设、管治模式、社会转型等专项研究的理论依据与基础。

2）实践调查研究

城市更新是一项实践性很强且涉及诸多社会因素的系统工程，不同地区具有不同的发展背景与地方特征，相应地，城市更新实践也有不同的特点。本书主要研究转型背景下深圳城市更新的规划编制与实践。由于深圳原经济特区内外发展的差距以及不同辖区之间的差异，在具体的更新改造中存在不同的问题与不同的更新诉求。作为统领全市城市更新工作的纲领性文件，《深圳市城市更新专项规划》的编制必须立足于大量的基层调研以及对各专项的深入研究。因此，部门座谈、实地踏勘、案例研究、深度访谈是本书实地调查研究所采取的主要方式，目的在于获取第一手资料，增强对城市更新的感性认识，并总结深圳城市更新内在共通的问题或特征，为研究与规划编制提供依据。

3）案例分析研究

国内外许多城市结合自身的特点开展了不同程度的更新实践，在城市更新理念、规划方案、政策制定、行动措施等方面进行了诸多的探索，对这些城市或地区城市更新案例进行研究分析，总结其成功经验或失败教训，可以起到改进和修正深圳城市更新政策与制度的作用。例如，在发展历程中，对案例的研究有助于归纳出深圳城市更新的特点；在制度建设中，对案例的借鉴有利于设计出具有深圳特色的城市更新体制机制；在社区转型中，对案例的剖析是为了深入了解集体股份合作公司的治理模式及其对城市更新的影响。

4）定性与定量相结合研究

在各专项内容实证研究的过程中，采取定性与定量相结合的研究方法，并借助 GIS 的技术手段进行空间叠加分析。例如，在城市更新评价体系构建研究中，对各指标进行定性描述与定量分析，通过 GIS 把各指标落实到空间上进行综合叠加与评判，识别更新地区，并确定全市各类更新对象的规模、更新时序与空间分布。

1.4.3 研究框架

本书在研究思路上可分为五个部分：第一，是关于写作背景、文献综述与理论基础的研究；第二，结合城市发展历程分析深圳城市更新的阶段性特征与当前存在的问题；第三，对城市更新相关的主要专题内容进行研究，将其作为城市更新规划编制的基础；第四，阐述应对转型发展的深圳城市更新规划方案；第五，对保障城市更新实施的相关制度建设进行探讨。

按照以上研究思路，本书结构框架安排如下：

第 1 章为导论，在写作背景中，指出了深圳城市更新的必要性和重要性，通过文献综述阐述当前国内外城市更新研究的特征，对城市更新的概念进行界定，并提出本书的研究内容、研究方法和研究框架。

第 2 章是城市更新相关理论，结合城市更新规划编制与实施要求，重点归纳了级差地租理论、产权制度理论、精明增长理论、触媒理论、角色关系理论与城市管治理论。

第 3 章采取纵横结合的方式，在纵向上以时间为轴，分析不同阶段城市更新的发展特征，总结深圳城市更新的特点；在横向上以问题为轴，分析当前深圳城市更新的对象特征及存在的问题。

第 4 章至第 7 章是关于城市更新相关专题研究，分别为利益平衡下的更新模式、社区转型与城市更新、城市更新中的低碳生态建设、城市更新评价体系，共四章内容，作为城市更新规划方案编制的基础性研究支撑。

第 8 章是在专题研究的基础上，提出深圳城市更新规划的编制方案，主要包括市、区城市更新专项规划和城市更新单元规划等层次。

第 9 章是制度创新与体系构建，在评估现行城市更新相关制度的基础上，通过对国内外发达地区城市更新在制度建设与政策制定方面的经验借鉴，结合深圳城市更新的特点，探索、构建具有深圳特色的城市更新制度体系。

第 10 章是深圳城市更新案例，结合近年来的深圳城市更新实践，选择若干具有代表性的更新案例，从项目的改造历程、更新规划、项目特点与经验进行全面的介绍与分析。

2 城市更新基本理论

城市更新从最原始的建设行为来看，就是拆旧建新，没有专门的理论来支撑，只是在后来的发展中，人们越来越注重社会、经济、人文等方面的因素，管理者、开发商、权利人等也开始考虑更新改造的必要性、合理性、可行性、操作性等内容，使得城市更新的内涵越来越丰富。可持续发展理论、制度经济学理论等其他学科的理论也逐渐被引入城市更新中。本书以分析城市更新现状特征与实施过程为基础，通过对城市更新的评价、识别与综合调校来判别城市更新的方式及其规模，并就如何通过合理的规划引导与有效的治理手段来保证城市更新的顺利实施提出相应的建议。因此，结合规划研究的需要，本书主要介绍与城市更新实施密切相关的级差地租理论和产权制度理论，与城市更新内涵界定与策略相关的精明增长理论，与城市更新动力相关的触媒理论，与城市更新涉及主体相关的角色关系理论，以及与城市更新管理相关的城市管治理论。

2.1 级差地租理论

土地作为一种生产要素，必然产生地租，地租的实质是什么？对此，马克思指出，“不论地租有什么独特的形式，它的一切类型有一个共同点——地租的占有是土地所有权借以实现的经济形式”。

2.1.1 古典经济学地租理论

西方古典经济学创始人威廉·配第（William Petty）在其劳动价值论和工资理论的基础上首次提出了地租理论；亚当·斯密（Adam Smith）则是最早系统研究地租问题的人； 大卫·李嘉图（David Ricardo）是古典经济学的最后完成者，他提出了级差地租的概念，以及地租产生的两个前提条件：一是土地的稀缺性；二是土地的差异性。

2.1.2 新古典经济学地租理论

土地边际生产力理论和竞投地租理论均属于新古典经济学地租理论。

新古典经济学地租理论认为各种生产要素都能创造价值，劳动、资本、土地各要素分别按各自的贡献取得报酬，即工资、利息和地租。土地使用的报酬只是“商业租金”,它包含两种成分:“转移收入”和“经济租金”。前者是对地力消耗的补偿，后者则是一种反映土地稀缺性的有价值支付。

在图 2-1 中，横轴 *Q* 为土地供给量，纵轴 *CR* 为商业租金，阴影部分 *ER* 为经济租金，*D* 为需求曲线，*S* 为供给曲线，点状部分 *TE* 为转移收入。土地供给弹性与地租之间存在如下关系：当土地是大量的，供给完全弹性时，则商业租金完全由转移收入组成，经济租金可以忽略不计。当土地是有限的，供给有一定弹性时，经济租金与转移收入同时存在，二者的比例关系取决于供给弹性的大小。一般来说，城市规模越大，土地供给弹性越小，则经济租金比例越高；反之亦然。当土地是稀缺的，供给完全非弹性时，则商业租金完全由经济租金组成，转移收入可以忽略不计。

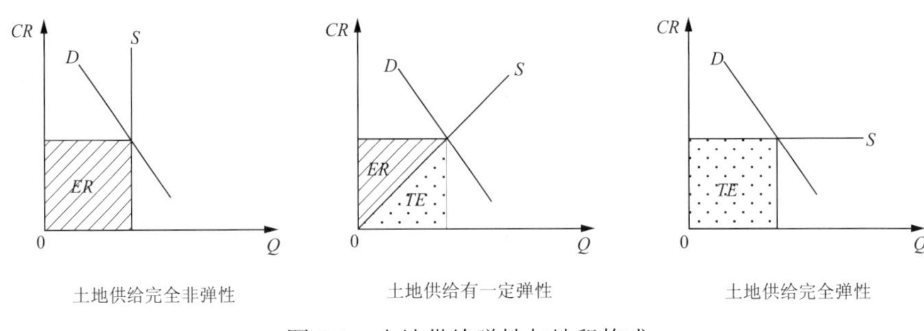

图 2-1　土地供给弹性与地租构成

2.1.3　马克思的地租理论

马克思的地租理论指出了资本主义地租的本质是剩余价值的转化形式之一，阐明了资本主义地租的三种形式：绝对地租、级差地租和垄断地租。

绝对地租：土地所有权的垄断阻碍着资本自由地转入农业，使农业中较多的剩余价值可以保留下来而不参加利润平均化的过程。这样，农产品不是按社会生产价格而是按高于社会生产价格的价格出售，于是农业资本家在获得平均利润之外，还能把农产品价值与社会生产价格的差额部分占为己有，成为绝对地租。

级差地租：级差地租是由于经营较优土地而获得的土地所有者占有的那一部分超额利润，其按形成条件的不同又可分为级差地租Ⅰ和级差地租Ⅱ。级差地租Ⅰ等于个别生产价格与社会生产价格之间的差额，即平均利润以上的余额。这种超额利润除了劣等地不能获得之外，中等地与优等地都能获得。级差地租Ⅱ是在同一地块上由于连续追加投资而形成的级差地租，它与级差地租Ⅰ一样，也是农产品的个别生产价格与社会生产价格之间的差额，即超额利润。

垄断地租：垄断地租是资本主义地租的一种特殊形式，指从具有独特自然条件的土地上获得的超额利润转化而来的地租。垄断地租不同于级差地租和绝对地租，是资本主义生产关系中的一种特殊现象，会因为竞争规律的影响及购买后的需要和支付能力的变化而变化。

2.1.4 地租杠杆的应用

随着城市空间资源的日趋紧缺，土地这个生产要素的稀缺性在城市经济发展中表现得尤为重要。因此，地租作为一种经济杠杆，对于城市经济的调节作用也体现得更加明显，特别是通过对城市衰败地区的更新改造，一方面可以提升城市环境、完善城市功能等以达到城市发展建设的目的，另一方面可以提高土地的商业租金和级差地租，同时也能最大限度地提高土地的利用效率。地租杠杆对城市更新的影响作用主要体现在以下几点：

1）绝对地租促进工业区的升级改造

只要使用土地就必须缴纳一定的使用成本，即由于绝对地租的存在，迫使土地使用者把土地的租用数量减少到最低限度，并在已租的土地上追加投资，以尽可能提高土地的产出率。就工业用地而言，特别是对于一些厂房陈旧、产业结构层次较低的旧工业区，在租金杠杆的作用下，必然会对原有的工业厂房进行升级改造，通过“腾笼换鸟”引入高端产业，从而推进整个城市产业结构的优化调整。

2）级差地租影响城市产业的空间布局

不同的产业由于其生产过程的特殊性，对土地位置的要求和敏感程度不同，在同一地块上安置不同的产业，会导致不同的产出率，形成不同的经济效益。如日本东京用于三次产业的土地单位面积产出值之比为1∶100∶1 000。因此，在城市空间上由于各产业支付高低悬殊的级差地租，导致高附加值的产业布局于城市的中心地区，中等附加值的产业布局在中心地区的周边，低附加值的产业则布局在城市的边缘地区，这就是产业布局的一般规律。

3）级差地租控制城市规模的膨胀

级差地租不仅存在于同一城市的不同区位上，也存在于不同规模的城市之间。一般来说，大城市高于小城市，因此，大城市昂贵的地价最终会形成一种排斥力，将那些占地过大或对土地需求量大的企业推向周边的中小城市。这样一方面减轻了城市用地的巨大压力，从而也控制了大城市规模的无限膨胀；另一方面也带动了中小城市的发展，有利于城镇体系的合理布局。

2.2 产权制度理论

产权是一个非常复杂的概念，这主要是源于现实生活中产权存在和转换的复杂性。产权的本质特征不是人对物的关系，而是由于物而发生的人与人的关系。产权不是物质财产或物质活动，而是抽象的社会关系，它是一系列用来确定每个人相对于稀缺资源使用时的地位的经济和社会关系。从外延来界定产权，就是逐一列举产权包含哪些权利。《牛津法律大辞典》将其解释为："产权亦即财产所有权，是指存在于任何客体之中或之上的完全权利，它包括占有权、使用权、出借权、转让权、用尽权、消费权和其他与财产有关的权利。"由于财产包括有形财产和无形财产两种，所以产权也就不仅包括人对有形物的权利，而且包括人对非有形物品的权利。

产权所包含的内容是非常丰富的，但从最根本的关系上可以将产权的内容分为四类，即所有权、使用权、处置权和收益权。四种权利可分可合，共同构成产权的基本内容。

2.2.1 产权的特性

产权的排他性：指决定谁在一个特定的方式下使用一个稀缺资源的权利，即除了"所有者"外没有人能坚持有使用资源的权利。产权的排他性实质上是产权主体的对外排斥性和对特定权利的垄断性。

产权的可分解性：指特定财产的各项产权可以分属于不同主体的性质。

产权的可交易性：指产权在不同主体之间的转手或让渡。产权的可交易性意味着所有者有权按照双方共同决定的条件将其财产转让给他人。

产权的明晰性：是相对于产权"权利束"的边界确定而言的，排他性的产权通常是明晰的，而非排他性的产权往往是模糊的。产权的明晰性是为了建立所有权、激励与经济行为的内在联系。

产权的有限性：一是指任何产权与别的产权之间必须有清晰的界限；二是指任何产权必须有限度。前者指不同产权之间的界限和界区；后者指特定权利的数量大小和范围。

2.2.2 产权的功能

明晰的产权可以减少不确定性，降低交易费用。人们确立或设置产权，或者把原有的不明晰的产权明晰化，就可以确定不同资产之间、不同产权之间的边界，使不同的主体对不同的资产有不同的、确定的权利。这样就会使人们的经济交往环境变得比较确定，权利主体明白自己和别人的选择空间，这也就意味着人们从事经济活动的不确定性减少或交易费用降低了。

外部性内在化：产权关系归根到底是一种物质利益关系，并且还是整个利益关系的核心和基础。如果经济主体活动的外部性太大，经济主体的积极性就会受到影响，产权规定了如何使人们得到收益，如何使之受损，以及为调整人们的行为，谁必须对谁支付费用等，因此，产权确定的最大意义就是使经济行为的外部性内在化。

激励和约束：产权的内容包括权能和利益两个不可分割的方面，任何一个主体，有了属于他的权利，不仅意味着他有权做什么，而且界定了他可能得到相应的利益。如果经济活动主体有了界限确定的产权，就界定了他的选择集合，并且使其行为有了收益保障或稳定的收益预期。产权的激励功能和约束功能是相辅相成的，产权关系既是一种利益关系，也是一种责任关系，就利益关系而言是一种激励，就责任关系而言则是一种约束。

资源配置：指产权安排或产权结构直接形成的资源配置状况。相对于无产权或产权不明晰的状况而言，设置产权就是对资源的一种配置。任何一种稳定的产权格局或结构，都基本上形成一种资源配置的客观状态。

收入和分配功能：产权的收入分配功能只针对经济主体的所得而言，收入的流向和流量本身就是资源流向和流量的一部分以收入的形式配置到了不同主体，一定的收入分配格局即一种既定的资源配置状况。

2.2.3 对城市更新的影响

城市更新过程涉及诸多环节，包括产权主体的界定、产权主体的改造意愿、改造主体的确定、拆迁补偿安置、改造实施，以及改造后利益的再分配等，在这一系列的环节中，关键问题是产权的明晰化。政府在大力推进城市更新改造的工作中，先后出台了若干与城市更新相关的政策法规，试图通过界定产权的方式来解决城市更新中出现的确权等问题。但正如产权制度理论所认为的：产权的界定和清晰化是需要付出成本的，甚至超过社会边际成本。产权的清晰化是政府按照一定的制度、规则对原业主所“拥有”物业的认可，从社会经济的角度出发，产权确认本身就是一种交易，当这种交易成本为零时，产权对资源的配置没有影响，产权的确认就会很容易进行，城市更新工作也就能顺利推进。但是，在产权特别混乱的情况下，确认产权的交易成本比较高，产权不清或模糊产权现象比比皆是，从而导致城市更新工作的推进难度很大。因此，在产权确认中出现的种种外部性，需要政府进行干预，即创新性地制定更新改造政策，减少产权明晰化过程中的不确定性，降低产权确认的成本，以加快推进城市更新工作。

2.3 精明增长理论

2.3.1 “精明增长”的思想内涵

梁鹤年认为“精明增长”理念的提出得益于新城市主义。精明增长的 10 条原则包括：混合式多功能的土地利用；垂直的紧凑式建筑设计；能在尺寸样式上满足不同阶层的住房要求；建设步行式社区；创造富有个性和吸引力的居住场所；增加交通工具种类的选择；保护空地、农田、风景区和生态敏感区；加强利用和发展现有社区；做出可预测的、公平和产生效益的发展决定；鼓励公众参与。

学术界对“精明增长”的思想进行了广泛的探讨，总体而言，其思想内涵主要包括：

（1）倡导土地的混合利用，以便在城市中通过自行车或步行能够便捷地到达任何商业、居住、娱乐、教育场所等；

（2）强调对现有社区的改建和对现有设施的利用，引导对现有社区的发展和增强效用，提高已开发土地和基础设施的利用率；

（3）强调通过减少交通、能源需求以及环境污染来保证生活品质，提供多样化的交通选择，保证步行、自行车和公共交通间的连通性，将这些方式融合在一起，形成一种较为紧凑、集中、高效的发展模式。

2.3.2 精明增长理论的应用

1）城市蔓延

精明增长理论所解决的是城市无序蔓延的问题，反映了一种紧凑型的城市空间扩展和规划理念。该理论强调通过交通方式的改变和融合，创造富有个性和活力的居住场所；通过城市更新活动，改善城市衰败地区、老城区的交通及公共配套设施，提高老城区的生活质量，从而最大限度地利用城市建成区中的存量资源，以减少对城市边缘地区土地开发的压力。

2）紧凑式发展

精明增长理论注重社区、街区、邻里等中等尺度的设计和规划，这种中等尺度与人的需求尺度是相吻合的，体现了“以人为本”的思想。城市更新的目的就是通过物质空间的改造以满足社会、经济以及环境等方面的发展需求，这种需求反映了人们对社会经济需要从一般需求向较高层次需求的转变。拆旧建新是城市更新中的常见形式，提高开发强度是平衡城市更新各方利益的核心和关键所在。因此，紧凑式发展以及合理的用地功能匹配是开展城市更新工作的基本出发点。

3）公交导向发展模式

公交导向发展（Transit Oriented Development，TOD）模式是精明增长理论的重要思想内容之一，该理论强调在区域层面上整合公共交通和土地利用的关系，使二者相辅相成。一般而言，TOD 模式强调临近站点地区紧凑的城市空间形态，混合的土地使用，较高的开发强度，便捷、友好的地区街道和步行导向发展（Pedestrian Oriented Development，POD）的环境。随着城市交通干道及轨道交通的建设，交通轴线两侧及主要站点地区将成为城市更新的主要目的地。从级差地租的理论出发，这些地区通过更新改造将成为城市开发强度最高、功能最为复合的地区，同时也是公共交通最为便捷、配套设施最为完善的地区。

4）城市增长边界

精明增长理论在反对城市无序蔓延的同时，也试图回答“不断增长中的大都市地区范围的确定问题”，而设定“城市增长边界”作为一种日益流行和富有成效的方法，可将开发控制在划定的区域内。城市蔓延的一个巨大问题就是城乡边界趋于模糊。因此，如何清晰区分城乡边界、保护自然景观和开敞空间是控制城市蔓延的核心内容。

2.4 触媒理论

2.4.1 城市触媒理论

触媒（Catalyst）是化学中的一个概念，意指一种与反应物相关的、通常以小剂量使用的物质，它的作用是改变和加快反应速度，而自身在反应过程中不被消耗。20 世纪 80 年代末，美国建筑师韦恩·奥图（Wayne Attoe）和唐·洛干（Donn Logan）通过对美国中西部一些典型城市的复兴案例的研究，在《美国都市建筑——城市设计的触媒》中提出了“城市触媒”的概念。他们认为，城市触媒类似于化学中的催化剂，一个元素发生变化会产生连锁反应，影响和带动其他元素一起发生变化，进而形成更大区域的影响。城市触媒，又叫作城市发展催化剂，它的物质形态可以是建筑、开放空间，甚至是一个构筑物，它的非物质形态可以是一个标志性的事件、一个特色的活动、一种城市建设思潮等。城市触媒是可以持续运转的，能够激发和带动城市的开发，促进城市持续、渐进的发展。城市触媒的作用特征可以归纳为以下几个方面：新元素改变了其周围的元素；触媒可以提升现存元素的价值或做有利的转换；触媒反应并不会损坏其文脉；正面性的触媒反应需要了解其文脉；并非所有的触媒反应都是一样的。因此，在城市开发过程中，可以通过个别具有标志性的建筑、开放空间或城市事件等的引入，激发城市相关区域的全面复兴，最终起到以点带面的触媒作用。城市触媒理论的核心内容是在市场经济体制和价值规律的作用下，通过城市触媒的建设，促使相关功能集聚和后续建设项目的连锁式开发，从而对城市发展起到激发、引导和促进作用。

简言之，城市触媒的目的是“促进城市结构持续与渐进的改革，最重要的是它并非仅是单一的最终产品，而是一个可以刺激和引导后续开发的重要因素”。此外，城市触媒有等级之分，即由于每个触媒项目的重要度及影响度的不同，其对周边环境的刺激力度也就存在差异，同时，它的作用力还与空间距离成正比例关系。

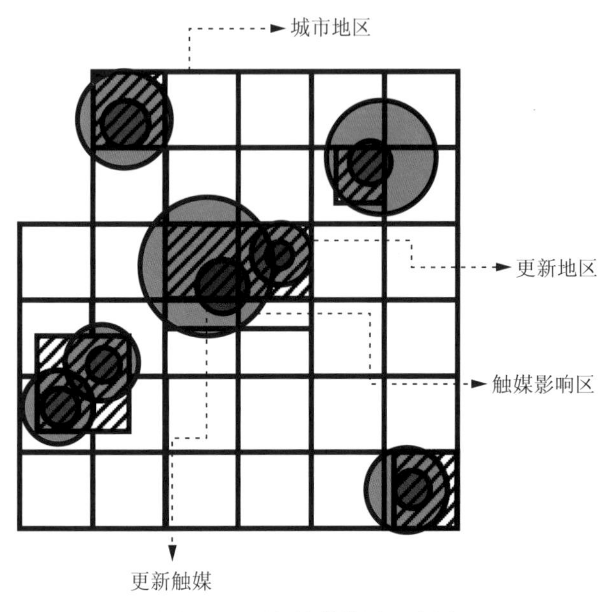

图 2-2　更新触媒作用示意图

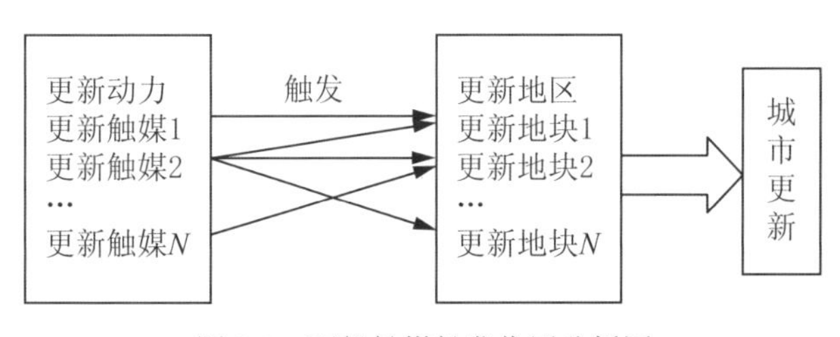

图 2-3　更新触媒触发作用分析图

2.4.2　更新触媒概念

如果把城市比作一个生命体，城市更新就是这个生命体的自我新陈代谢，它是一种自然的、必需的、持续的、规律的活动。对于一个城市来说，没有更新活动或片面地强调大规模更新都是不正常的，都是违反发展规律的。因此，城市更新必然是一个循序渐进的过程。那么在这个渐进的过程中，什么力量诱发了城市的更新活动？生命体中的新陈代谢活动需要大量"媒"的参与，同样城市更新也需要有某种或某些"媒"来触发。

以城市触媒理论为基础，从一种"媒"或"催化剂"的视角对城市更新的动力进行分析，是一项或多项建设行为能够带动或激发某片区的活力，从而创造富有生命力的城市环境的"催化剂"。这种催化剂就是一种更新触媒。更新触媒具有某种活力，它既是城市环境的产物，又能给城市带来一系列变化，它是一种产生与激发新秩序的中介。通过更新触媒持续的、辐射的触发作用(图 2-2、图 2-3)，逐步促进整个城市生命力的复苏和增强。

2.4.3　更新触媒分类

根据触媒的功能、形态、发挥作用的不同，可将更新触媒分为城市空间触媒、经济活动触媒、社会文化触媒三种类型。

城市空间触媒主要指由于空间环境因素所触发的对城市更新活动的影响，包括地铁、广场、大型公共设施的规划建设，新城、口岸、机场等大型项目的规划开发，规划确定的重点发展区域等。如城市地铁站点建设对其周围环境在一定范围内（500 m）会产生巨大的影响，如果这个范围内有城中村、旧工业区等，那么地铁站这一空间环境触媒就会激发这些更新改造对象的更新活动。对于处在重点产业区、中心区或景观轴两侧的更新对象，由于这些空间环境触媒不同作用力的影响，会在不同程度上触发更新对象的更新活动。

经济活动触媒主要是从市场角度分析哪些因素能触发城市更新活动，

包括大型商贸展览会、大型商业综合体、重大经济项目，宏观及地区经济形势，市场投资兴旺程度等。从城市触媒理论的根基分析，市场经济的活跃度是引导城市触媒触发城市建设活动非常重要的因素。因此，市场经济触媒是保证更新活动能否积极开展、顺利实施的重要媒介，也是促发一系列市场自发更新活动的内在动因。

社会文化触媒更多的是强调一种自上而下的动力因素，包括历史文化街区、民俗活动、优秀传统文化活动、旅游开发项目、重大社会文化事件、公共服务、政策导向、价值观念等。在强调政府强势推动城市更新的背景下，社会文化触媒会对城市更新活动产生巨大的影响。

以上三种分类，触媒之间并不是完全区分开的，城市空间触媒从规划引导方面来看，与社会文化触媒有交叉，经济活动触媒与社会文化触媒在城市更新活动中也是密切相关的。可以说，这三类更新触媒的构成不是静态的、一成不变的，每个触媒对城市更新活动的作用力也不是静态的，而是始终处于一个动态变化的过程中。如区域环境、城市发展思路的变化，突发事件、重大项目的出现，都会对城市更新触媒的触发作用产生影响。因此，我们需要在此基础上根据时事的变化及时调整、发觉更新触媒。

与之类比，在城市发展中引入触媒概念可形象地描述相对独立的城市开发活动对城市发展的影响，它鼓励建筑师、规划师以及决策者去思考个别开发项目在城市发展中的连锁反应潜力，这实际上是在更高的层次上反映城市建设活动。

2.4.4 更新触媒与更新动力

在城市发展过程中，不同类型的更新触媒会触发不同效应的更新活动，而且更新触媒在影响力方面也会有所不同，一般会随着空间距离的增加而衰减。因此，在判断城市中哪些地区需要更新时，首先，需要分析是哪类或哪几类更新触媒影响着城市更新；其次，需要对更新触媒的触发作用及影响范围进行深入研究；最后，在明确了更新动力的基础上，制定更新地区的具体更新策略与运作程序。最终通过一系列的“更新触媒”来触发城市整体环境持续的、有规律的改变，使城市的发展进入一个良性的发展轨道。

2.5 角色关系理论

角色互动关系决定项目中的机制设置和过程中的资源成本分配。对角色关系的研究，不仅仅是对更新主体在项目流程中所扮演角色的简单界定，而在于对其互动肌理及内在联系的本质剖析。国内尚未形成角色体系的研究概念，而在国外，对于角色关系的研究不断发展，形成了政体理论、多元合作理论、赞助人与支持人理论、增长机器和交换价值—使用价值矛盾论以及其他理论等框架。

2.5.1 政体理论

城市政体理论（Regime Theory）是从政治经济学的角度出发，对城市发展动力中三种力量（政府代表的政府力量、工商业及金融集团代表的市场力量和社区代表的社会力量）之间关系的分析，以及这些关系对城市空间的构筑和变化所引起的影响提出的一个理论分析框架。城市政体理论包括城市地区不同机构层（地方政府、市民社会和私营部门）关系的性质、质量和目标的总和，涉及中央、地方和非政府组织多层次的权力协调，其中政府、公司、社团、个人行为对资本、土地、劳动力、技术、信息、知识等生产要素控制、分配、流通的影响是其研究的主要内容。

由斯通（Stone）、罗根（Logan）和莫罗奇（Molotch）所创建的政体理论有两个前提：一是在市场经济下，社会资源基本上由私人（包括私有企业和个人）所控制；二是政府由市民选举产生，代表全体选民的利益。由此可见，政体理论强调处理两方面的关系：一是政府与市民的关系；二是政府与私人集团的关系。由于大部分社会资源在私人控制之下，政府所能支配的资源有限。为了得到私人集团的投资，政府需要与他们确立相关的权利分配规则和行为规范，必要时政府还要做出让步，提供优惠条件以满足他们的要求。这就出现了掌握着权力的政府的“权”和控制着资源的私人集团的“钱”的结盟，称为“政体”（Regime）。这种结盟即代表了统治者群体的利益，同时又受制于社会的约束，即来自市民的监督。因为权钱的结盟若是以牺牲过多的社会利益为代价，或者城市发展带来的利益未能被市民所享受，那么市民在选举时可以用改选市政府的办法来拆散现有的权钱同盟，成立新的市政府。新的市政府开始会较多地考虑市民的利益，但一旦发现向控制资源的私人集团让步是吸引投资的必要条件，就可能导致新一轮的政体变迁。政体理论的核心就是如何在政府与市民的关系和政府与私人集团的关系之间找平衡点。一般而言，由于“权”和“钱”的力量总是大于社会的力量，因此关键是如何加强社会的监督作用，培育社区参与决策能力。

该理论认为，城市空间的变化是政体变迁的物质反映。对于不同的“政体”结盟形式，“政体”主导者将会实施不同的城市发展战略，从而引起城市空间结构的不同变化。例如，如果商业、零售业及投资于市中心的开发商和市政府结盟，则市中心改造会成为政府关心的重点。在总投资有限的情况下，城市空间变化会表现出市中心更新，而一般社区面貌不变甚至出现衰退的状况。在这些社区中的高收入者将会外迁，使得地价、房价下降；低收入者迁入，替换了原来收入较高的居民，使城市空间发生重组。

2.5.2 多元合作理论

1992年，麦金托什（Mackintosh）提出更新活动中的合作伙伴关系理论，其核心在于政府（公共部门）、私有部门和社区通过合营制度进行协商和资源整合，在平等互惠的基础上，善用各方的经验和优势，以达到最大的社会增益。

合作伙伴关系模式分为三种：一是协同模式（Synergy Model），即汇集各合作伙伴的知识、资源、理解和作业文化，使合作伙伴组织能取得更多的成绩，达到总体大于个体的协同效应。二是预算模式（Budget Model），即通过合作伙伴组织的形成以集结更多资金，达到资源整合的效果。三是转型模式（Transformational Model），即各合作伙伴有着不同的工作方式与重点，这将有利于实现创新和不断进行调整，促进彼此间的合作。

在角色互补的体制下，除了要兼顾企业效率及社会公平原则外，还要引进公民参与决策、制定社区主导规划等概念。社区的参与，往往能使居民充当监察者的角色，以填补政府或专业人士在决策上的不足，构成一种平等、互重、互学的关系。

2.5.3 赞助人与支持人理论

博勒加德（Beauregard）在描述美国历史上应对不同的经济和政治力量而提出的四种合作关系时，提出“赞助人与支持人关系”的概念，认为城市活动中的公共部门从私人部门获得资金赞助，从而掌控城市活动，而私人部门则利用公共部门达成的协议提供城市公共服务事务，并出资编制城市规划。这一理解方式在此后的研究中被经常应用，并侧重于理解政府在更新活动中所扮演角色的辨析。

2.5.4 增长机器和交换价值—使用价值矛盾论

罗根和莫罗奇的著作主要在两个方面对城市更新研究做出了巨大贡献：一个是“交换价值”（Exchange Value）和“使用价值”（Use Value）；另一个是“增长机器”（Growth Machines）的概念。基于将城市空间视为商品的前提，他们通过交换价值和使用价值之间的错位关系来解释城市开发过程中的矛盾。

交换价值是城市土地和空间的所有者通过市场获得的租金或出让金等经济利益；使用价值是居民或租户在使用城市空间时空间所体现出的价值，包括多元的社会互动、舒适的生活活动场所、健康的生态系统。

在城市房地产市场中，那些直接参与城市商业交易中并获得利益的人，被称为“空间企业家”（Space Entrepreneurs），他们希望通过城市空间的置换获得利益，看到的是土地的交换价值、空间所能产生价值的能力。而那些真正使用空间的人关注的是土地本身的使用价值，空间所提供的活动平台和社会互动。城市再开发的矛盾本质上是这两类人之间的矛盾，是交换价值和使用价值之间的冲突。由追求交换利益者集合而成的联合体被称为增长机器。增长机器是以土地为基础的精英的联合体，由空间的经济利益联系在一起，促使城市政治按照他们所追求的经济扩展和财富积累的方向发展。增长机器理论和交换价值—使用价值矛盾论解释了城市再开发中的经济动力。

2.5.5 其他理论

1）多元主义理论

多元主义理论（Pluralism Theory）于 1961 年被提出，其认为城市是无精英主导的，决定权广泛分配在众多城市利益相关者之中。多元主义者认为，对城市发展决策起作用的政治影响力是广泛分布的，且在不同政治领域之间存在不平衡。在政府最小化和民主深化的情况下，城市的发展受到离散的多方政治力量的影响。多元主义反对政府是由单一的、少数拥有权力的精英所把持的观点，指出决策过程中有很多不同的精英参与其中，相互争辩又互相妥协，并将这些精英参与的联合体称为“以执行为中心的联盟”（Executive-Centered Coalition）。多元主义通过实证分析了当时除了地方政府之外，主要是商业和大学医院等这样的非营利机构构成了城市再开发的重要主体。

2）公共选择理论

公共选择理论（Public Choice Theory）认为投票人、政治家和政府官员等都是具有个人利益的主体，主要研究他们在社会框架下的互动情况。该理论的前提假设是观察到的政治模式反映了行为个体对利益的理性追求。根据对个人利益和集体利益之间关系的不同观点，该理论又分为硬、软两个分支。软公共选择理论认为，个人理性和集体理性之间基本是对立关系。项目决策往往是少数人获得大部分的利益，而成本却是由大范围的很多人共同承担；同时，类似医院这样的决策者主要关注的是加强其自身的政治基础，而不是项目本身的经济效益。硬公共选择理论则认为，地方政府官员和公共事务领导者不仅仅是谋取他们的个体权益，而且存在着一个追求行政区整体利益的共同基础，他们的协作大于矛盾。

2.6 城市管治理论

20 世纪 90 年代以来，随着冷战的结束和经济全球化程度的加深，发达国家与发展中国家都在经历着巨大的经济、社会等体制转型，城市尤其是大城市在不断发展的同时也面临着一系列社会和环境问题。对于这些问题，各国政府都做出了大量努力，但由于政府失灵、市场失灵的原因，单纯的市场机制与单纯的计划体制一样都不能很好地予以解决。在这样的背景下，近年来，作为一种在政府与市场之间进行权力平衡再分配的制度性理念，同时兼顾多方群体的利益与社会公平问题，城市管治已经愈来愈成为全球性的共同课题。

2.6.1 理论基础

顾朝林认为，西方国家的城市管治框架是建立在管理理论之上的。西方第一代管理理论是以“经济人”假设为基础和前提的“物本”管理；第二代管理理论是以“社会人”假设为基础和前提的“人本”管理；第三代管理理论是以“能力人”假设为基础和前提的“能本”管理。

沈建法认为，在全球化的时代，资本和人才流动性很高，世界各地的竞争日益加剧，许多城市采用创业型的政策来加强城市竞争力。城市管治也从管理型向创业型转变，使城市管治问题变得更加复杂。其通过探讨城市政治经济学和城市管治的关系，认为城市管治是对各种社会经济关系的一种调整，城市政治经济学是城市治理的理论基础。

2.6.2 理论内涵

城市管治的本质在于用“机构学派”的理论建立地域空间管理的框架，提高政府的运行效益，从而有效发挥非政府组织参与城市管理的作用。它强调的是城市政府和其他社会主体，管理者和被管理者之间的权利分配与平衡对城市管理的重要性，以及城市管理主体的多元化。更明确地说，城市管治就是在城市管理过程中，政府管理权限下放，通过多元主体的空间交叉管理，实现城市的良性发展。

城市管治的内涵可以概括为以下五个方面：

一是城市权力中心的多元化。城市开发、建设和管理权力中心的多元化日益明显，不是政府一个中心来投资建设公共设施，而是许许多多的外来投资者、社会团体都可以建设、管理城市。

二是解决城市经济和社会问题责任界限的模糊化。管治的过程是将原来由政府独立承担的责任转移给社会团体和企业，即政府要尽可能让渡权力于社会团体和企业。

三是涉及集体行为的各种社会公共机构之间存在着权力依赖关系。一方面，凡是与市民集体行为有关的所有社会团体之间是相互依赖的、促进的，这是一个本质特征，这就导致了在城市发展的大目标上，大家的目标是趋同的，都要为了增强城市的竞争力出力献策。但另一方面，不同人群、团体机构利益又是多元化的，要通过有效管治将利益多元与目标趋同结合在一起。

四是城市各种经营主体自主形成多层次的网络，并在与政府的全面合作下自主运行并分担政府行政管理的责任。每一个层次都有自组织的特性，要把它们发挥好。

五是政府管理方式和途径的变革。其包括三个层次：一要激发民众活力。二要培育竞争机制。政府不仅要在城市各方面培育竞争机制，而且政府组织自身要引进竞争机制。三要弥补市场缺陷。政府只管市场解决不了的、管起来不合算的、不愿意管的事，政府把规模搞得很小、很精简、很省钱，这与更好地为市民服务是完全一致的。

2.6.3 主要内容

城市管治的内容可以分为以下三个层次：

一是治理结构，指参与治理的各个主体之间的权责配置暨相互关系。如何促成城市政府、社会和市场三大主体之间的相互合作是其解决的主要问题。为此，需要将“市民社会”引入城市管理的主体范畴，进行“合作治理”。

二是治理工具，指参与治理的各主体为实现治理目标而采取的行动策略或方式，强调城市自组织的优越性，强调对话、交流、共同利益、长期合作的优越性，进行“可持续发展”。

三是治理能力（公共管理），主要针对城市政府而言，是指公共部门为了提高治理能力而运用先进的管理方式和技术。

在三个层次中，治理结构强调的是城市管治的制度基础和客观前提，公共管理是治理主体采取正确行动的素质基础和主管前提，而治理工具研究的是行动中的治理，是将治理理念转化为实际行动的关键。城市政府的治理工具是城市治理理论的应用核心。

城市制度也是城市管治研究的一个重要对象。制度理论认为制度是价值、传统、标准和实践的主流系统形成的或约束的政治行为，制度系统是价值和标准的反映，其最核心的观点是制度交易成本与实际资源使用的关系，即制度交易成本的发生和演变是为了节约交易成本。城市管治也涉及制度交易成本，因此在城市管治中如何构建有效的管治模式、发挥非政府组织参与城市管理、提高政府运行效率，是城市管治研究的重要内容。

城市管治还具有空间的意义，即“以空间资源分配为核心的管制体系”。城市地域空间是城市一切社会经济活动的载体，从个人的日常生活到城市行政区划调整，都是以城市地域空间为基础，对城市空间的管治就是为了合理配置城市土地利用和组织社会经济生产，协调社会发展单元利益，创造符合公共利益的物质空间环境。

3　城市发展与城市更新

3.1　城市发展历程与趋势选择

3.1.1　城市转型发展的内涵

哈佛大学教授迈克尔·波特（Michael Porter）关于国家竞争理论的相关研究表明，根据不同时期推动经济发展的关键因素，可将区域发展划分为要素推动、投资推动、创新推动、财富推动四个阶段。深圳是我国改革开放的前沿，在深圳设立经济特区的一个重要目的就是为了吸引外资。自经济特区设立开始，深圳即开始进入要素推动和投资推动阶段。过去 30 多年，诸多优惠政策、大量产业人口及大规模建设用地的供给一直是促进深圳经济高速增长和城市快速发展最重要的因素。39 年前，深圳仅是一个人口 2.13 万的边陲小镇，而如今已成为常住人口超过 1 200 万、管理人口超过 2 200 万的特大城市。建设用地从 1979 年的 2.81 km^2 增加到 2016 年的 947 km^2，平均每年增加 25.5 km^2。伴随人口、建设用地的扩张，深圳的 GDP 也从 1.96 亿元增长到 22 438.39 亿元，创下了举世闻名的深圳速度。

波特认为，创新阶段是国家或区域能否进入发达阵营最重要的一个阶段。在投资推动阶段，"总量矛盾"是制约城市经济发展的主要矛盾，城市经济增长主要靠增加资本投入，在落后地区主要是通过"以土地换资本"的方式来实现。但随着这一发展模式的逐步深入，传统生产要素（土地、资本和劳动力）进一步投入所产生的边际效益越来越小，仅仅依赖加大要素总量投入而推动城市持续快速发展的可能性越来越小，并将最终遇到生产要素的瓶颈，出现"土地约束""资源约束"或者是"环境约束"等。此时，城市面临的主要矛盾是"质量矛盾"，城市发展模式不得不从增加要素、资本投入向提高全要素生产率转变，通过不断创新实现经济内涵式增长，也就是城市发展转型进入创新推动阶段。

按此理论，深圳正处于从"投资推动"向"创新推动"变迁的过程，也正面临着从"投资推动"向"创新推动"转型的巨大压力。若以已建设用地与可建设用地的比值来表示土地资源的稀缺性，当比值 <30% 时，城市发展处于无约束阶段；当比值为 30%—60% 时，城市发展处于

弱约束阶段；当比值为 60%—80% 时，城市发展处于强约束阶段；当比值 >80% 时，城市发展处于刚性约束阶段。深圳市总面积为 1 997 km^2，其中可建设用地为 1 004 km^2，2016 年年底深圳的实际城市建设用地达到 922 km^2，占 94.3%。因此深圳建设用地对城市发展的影响已处于刚性约束阶段。土地稀缺性已经成为深圳经济增长的限制性因素，“以土地换资本”的发展模式难以为继，其能源、水资源、人口承载力、环境承载力也面临着严峻挑战。因此，深圳当前发展的重点是要建立全社会共同推进创新的体制和机制，构建城市创新系统，不断增强城市创新能力，以此破解发展中土地、资源、环境、劳动力等诸多因素的制约，促进从“投资推动”阶段向“创新推动”阶段转型。

3.1.2 城市发展现状特征

1）产业结构日趋合理，成为全球重要的制造业基地和外贸进出口枢纽

深圳经济超常规的发展历程，也正是深圳从故步自封的渔农小镇逐步演进到全球产业分工体系中重要空间节点的过程。改革开放后，深圳经济特区充分利用世界范围内的各类资源要素，尤其是抓住发达国家和中国港澳台地区对外转移制造业的机遇，启动并加速工业化进程，成为全球产业链上的重要一环——“世界工厂”，实现了城市奇迹般的繁荣发展。时至今日，深圳 30 多种工业产品产量居全国前列，深圳的经济发展速度在全国名列前茅。

深圳是中国和世界外贸进出口的重要枢纽，形成了由中央及各省驻深贸易公司、本地进出口贸易公司、三资企业及来料加工厂等 1 万多家企业组成的多形式、多层次的生产出口贸易体系，并有 2 000 多家境外企业在深圳设立代表机构，出口贸易伙伴国家和地区达 180 个。2017 年，深圳货物进出口总额为 2.8 万亿元，出口总额连续 25 年居内地大中城市首位；集装箱吞吐量达到 2 520.87 万 TEU（标箱），集装箱吞吐量处于全球前列。

深圳正从以外延式扩张为主、以高速度提高城市竞争力的时期进入城市之间的常态竞争时期。未来深圳经济的持续快速健康发展依赖于产业结构的提升，并取决于具有先导性、健康合理和高效的现代产业体系的构建。因此，目前深圳应进入一个以创新为动力、以提升城市产业结构和技术结构为主旋律、以谋求社会公共进步为重点的时期，而不应再片面追求经济规模和经济增长速度。

2）人口规模巨大，结构亟待优化

2017 年，深圳常住人口超过 1 250 万人，实际管理服务人口超过 2 200 万人，常住人口中非户籍人口占 65% 以上，呈现独特的人口结构严重“倒挂”现象。城市为大量的人口提供了超负荷的交通、市政等基

础设施，城市承受的资源与环境压力更大。在目前的建设和管理水平下，城市实际人口规模已达到或超过城市各项资源（水、生态环境、用地等）所能承受的最大人口容量。深圳暂住人口大多数来自内地农村，总体教育水平偏低，人口流动性大，不仅带来住房和交通紧张、社会治安混乱等社会问题，而且难以构建稳定深厚、积极向上的城市文化，城市人口多元、变化、不确定性成为城市的突出特征。

3）土地资源日趋紧张，建设用地结构有待优化

深圳土地资源紧张，新增用地不足，剩余可建设用地约为 20 km^2，未来无地可供已成为不争的事实。在现状建设用地中，基本生态控制区被城市建设用地侵占严重。基本生态控制区内现有城乡建设用地约 97.7 km^2，生态环境底线受到重大威胁。工业用地增长迅猛，从 1984 年到 2016 年，深圳工业用地面积由 2.54 km^2 迅速上升至 273 km^2，占建设用地的 29.6%，大大超出城市建设的合理比例。迅猛增长的工业用地一方面为深圳经济总量的持续增长提供了重要的空间保障；另一方面也挤占了商业用地、政府社团用地、道路广场用地以及绿地，导致原经济特区外的配套服务设施不够完善，人居环境不甚理想，生活质量有待提高。建设用地结构失衡影响城市功能合理布局，已成为制约深圳城市竞争力提升的瓶颈之一。

4）快速城市化导致资源与环境压力沉重，城市发展面临转型

深圳是国内严重缺水的城市之一，水资源又受到生活污染的影响，河流普遍污染严重，主要河段水质超过了国家地表水 V 类标准，深圳、西丽、铁岗、石岩四大水库也受到不同程度的污染。同时，大规模的城市建设造成的挖山填海、采石取沙等活动使相当一部分原生性土壤和植被丧失殆尽，并造成水土流失、扬尘污染、水体污染等问题。

从生态环境看，一方面受城市建设用地扩张影响，生态绿地数量在持续减少，质量也在不断恶化，许多生态廊道被侵占，生态环境被破坏；另一方面，虽然深圳城市绿地建设情况较好，但按城市总人口计算，仍存在城市绿地数量不足，且分布不均匀的现象。

从空气环境看，近年来，尽管深圳环境空气质量优良，符合国家空气质量二级标准，但二氧化硫、二氧化氮和可吸入颗粒物浓度呈上升趋势，降雨酸度也在增强，细粒子污染和光化学污染已对深圳环境空气质量造成威胁，灰霾日数增长迅速，空气质量前景不容乐观。一方面，生产工艺落后的低端工业企业是污染的主要源头；另一方面，机动车增长过快也是引发空气环境恶化的主要原因。2017 年年底全市机动车保有数量达 340 万辆，单位面积车辆密度全国居首，导致交通阻塞，道路不堪负荷，机动车尾气污染和噪声污染渐趋严重。

5）人口结构不合理，城市管理服务能力亟须强化

深圳人口主要以机械增长为主，近年迁入人口规模以年均 8% 的速度递增。人口“倒挂”现象严重，非户籍人口大大超过户籍人口，2017

年年底常住人口中户籍人口比例为34.7%。外来人口普遍学历较低、流动性大、管理困难。在非户籍人口中，初中以下学历的人口比重超过60%。大量外来人口使城市超负荷运转，带来了一系列如土地短缺、交通拥堵、环境恶化、治安混乱等问题。

目前居住在深圳的外来人口中有相当规模的人口处于被人抚养或依靠自身的积蓄生活。这一特征反映了深圳人口形势的严峻性，他们或者是大量务工人员的家属，或者是盲目流动来深圳务工的人员，或者是无序流浪依靠非正规方式获得生活来源的人员，其中后者构成了深圳人口管理十分困难的症结，也是影响社会治安或稳定的重要因素。

3.1.3 城市发展趋势与选择

1）外部性面临新的机遇与挑战

随着全国改革开放的全面深化，经济特区的政策优势逐渐普惠化。深圳在巩固和进一步拓展新的发展优势方面面临新的挑战。从国家区域发展布局战略来看，继珠三角、长三角、环渤海地区三大增长极相继诞生后，成渝经济区、长株潭城市群、武汉城市圈、北部湾经济区等多个经济区正迅速崛起，雄安新区、粤港澳大湾区成为国家发展战略，区域间、城市间的竞争愈演愈烈，合作也在不断加强，外部形势的机遇与挑战激励深圳应尽快提高自身的综合实力，在区域协调发展中发挥更大的辐射和带动功能。

2008年国家出台了《珠江三角洲地区改革发展规划纲要（2008—2020年）》（以下简称《珠纲》），明确提出深圳作为"国家综合配套改革试验区、全国经济中心城市、国家创新型城市、中国特色社会主义示范市和国际化城市"的战略定位。

2010年版城市总体规划确定了深圳"全国性经济中心城市"和"国际化城市"的发展定位；2016年国家"十三五"规划纲要又提出"支持珠三角地区建设开放创新转型升级新高地，加快建设深圳科技、产业创新中心建设"的重要目标；2018年由国家发展和改革委员会牵头，粤港澳三地参与，联合编制了《粤港澳大湾区发展规划纲要》（以下简称《纲要》），《纲要》作为中央自上而下对大湾区发展的长期性、综合性和全局性谋划，明确了香港、澳门、广州与深圳四大中心城市的定位，提出在深圳建设国际科技、产业创新中心。这既是对深圳以往经济和城市发展的充分肯定，同时也对未来发展提出了更高的要求和期望。在粤港澳大湾区全面建设的环境下，深圳城市发展将迎来新的契机。

2）发展模式亟待转型

在快速城市化和工业化的背景下，深圳早期粗放式的发展模式引发了一系列的城市问题，我们清醒地认识到，在基础性资源紧约束的条件下，以土地换取资本的发展模式已难以为继，深圳要实现可持续发展，必须改变以“成本洼地”、生产要素的大量投入为基础的发展模式，转向以提高资源配置效率、提升城市质量为核心的发展模式，强化创新发展、提升基本公共设施质量与规模、完善住房保障和供应体系、持续推动生态环境整治修复，这不仅是深圳经济增长方式的转变，而且是发展观与资源观的转变。

3）城市更新是实现城市发展目标的重要途径

城市更新可以通过对城市空间资源的整合，实现城市土地的二次开发，达到产业结构调整优化、城市功能协调发展、社会整体效益提升。深圳作为一个年轻的城市，面临的主要问题不是物质形态的老化，更多的是因快速城市化带来的功能性和结构性的衰退而引发的城市更新。据调查统计，全市生态线外需要进行城市更新的总用地约为 283.7 km^2，涉及城中村、旧工业区、旧居住区、旧商住混合区等多种类型。

目前深圳的城市更新不仅肩负着解决市民的居住环境改善、城市面貌美化的使命，而且是实现城市转型和持续发展的突破口，也是应对当前国际国内市场竞争日益激烈形势下的重要发展战略。

同时，广东省“三旧”改造政策的出台也为深圳城市更新创造了契机，为深圳在研究和完善城市更新的体制机制方面先试先行提供了更加宽松的政策环境。在内外双重机遇的触动下，城市更新成为当前解决城市问题、实现城市发展目标的重要途径。

3.2 城市发展与城市更新的关系

3.2.1 城市发展阶段与城市更新特点

城市更新伴随着城市发展的整个过程，自城市诞生之日起，城市更新作为城市自我调节机制就存在于城市发展之中。从西方国家城市发展与城市更新发展的历程来看，两者存在密切的内在联系。

1）快速城市化阶段

工业化发展对城市空间和劳动力的需求十分迫切，农村人口开始大规模向城市迁移。城市面临两方面问题：一是工业发展需要大量土地，城市中的绿地、住宅区、传统手工业、农业被工业厂房取代；二是工业的繁荣使城市空间布局倾向于经济，住宅成为城市的附属，因此带来一系列问题，城市中出现大量破败的房屋、贫民窟，到处是垃圾、工业有害气体，乌云密布、空气污染使得肺炎、肺结核等疾病高发，民众承受着巨大的工业化成本。

这一阶段，城市更新主要以城市开发为主，成为促进工业化发展的有效手段。在工业化浪潮下，城市中原有的居民住房被拆除、绿地被开发、树木被砍伐，代之以宽大的厂房、高耸的烟囱以及成百上千轰轰运转的机器。

2）建设新城、疏解旧城阶段

随着旧城建设的饱和以及交通运输能力的提高，工业城市的郊外开始出现以居住功能为主的新城，但新城经济发展受到很大限制，成为“卧城”，而旧城问题未得到重视，广大基层群众继续生活在恶劣的环境中，阶级矛盾突出，社会成见充斥于城市。

这一阶段，政府的工作重点在新城，在积极推动新城建设时，无论是在政策还是资金使用上都有一定的优惠，使老城处于不平等的竞争地位，破坏了整个城市结构的公平性，也打破了城市经济结构的平衡，忽视了旧城的改造。改造仅仅局限在市中心非常狭小的范围。

3）旧城与新城共建阶段

新城在疏解城市人口、分化大城市功能等方面的作用明显，因此新城仍是这一阶段城市建设的主旋律。与此同时，旧城老化、贫民窟现象日益严峻，城市混乱已制约地区的繁荣和稳定。在二三产业交替时期，一方面，集中于城市中心的传统制造业面临着设备老化、厂房设计落后、污染严重、生产产品过时等问题，必须对原有的生产技术进行改造，采用现代化的流水线技术；另一方面，一些新兴的服务业需要在城市中得到发展，对城市空间、人才、消费人群有较大的需求，传统工业开始逐渐搬迁。

这一阶段，旧城更新和新城建设双管齐下，城市更新主要是大规模清除贫民窟，目标是改善住房，对于买不起也建不起房的居民，政府提供公共住房。政府实施公共住房计划，即推倒贫民窟，政府提供补助的高层公寓或安居房。

4）旧城复兴阶段

城市基本结束了快速扩张的历史，正日益转向内涵提高和可持续发展的道路上。新城建设越来越注重提供充足的就业岗位，居住与就业就地平衡，吸引大量的人口进入新城居住，从而引发旧城进一步严重衰退，传统工业地区由于经济衰退导致大量用地废弃和闲置。

这一阶段，更新政策从大规模清除贫民窟转向住宅整修和改善以及中心商贸区的复兴，更新过程中的环境保护、文化继承以及保留历史悠久的街区和社会生活特色等问题被提了出来。旧城复兴的第一步是清理一片片的“贫民窟”。高耸的贸易大楼、写字楼、体育馆、休闲中心拔地而起。第二步是重建与保护相结合。这既包括采取激烈的重建手段，也包括对城市现有建筑的保护、提高和改造，所以它实际上是一种对城市发展更加综合的更新措施。第三步是全方位治理。随着对旧城改造问题研究的深化，人们开始意识到旧城的问题不能通过单一的房屋建设来解决，它是一系列问题的综合体现，因此必须通盘考虑，采取“全方位治理”的方案。旧城改造应该从加强旧城地区经济、改善基础设施网络、提供就业岗位、缓解就业压力、通过经济结构的调整改变人口和就业的空间分布、促进旧城和新城之间的平衡等多方面入手，最终目标是实现城市的复兴。

与英国、美国等历时七八十年实现城市化相比，深圳城市化发展仅仅近 40 年的历史，城市化过程中的问题被压缩在短时期内集中显现：城市全面扩张，没有明显的新城、旧城之分，但是存在政府自上而下建设和村集体自下而上发展所导致的巨大发展差异；建设迅速饱和，在城市整体还处于上升期时就已遇到其他国家和地区的旧城饱和问题，空间的约束与资源的瓶颈迫使深圳城市发展必须由增量为主的外延扩张模式向存量优化为主的内涵提升模式转型。因此，深圳的城市更新不同于其他城市因空间实体“物质性老化”而启动的旧城改造，也不同于因建设新城忽视旧城导致“旧城活力衰退”而启动的旧城复兴，更多是由于城市空间资源紧缺造成的压力，以及城市超常规发展导致的“功能结构失衡”而产生的改造需求（图 3-1）。

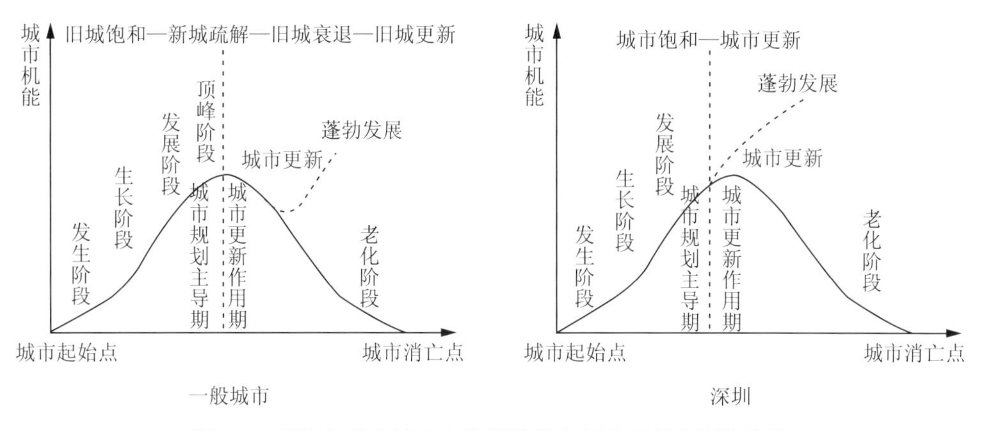

图 3-1　深圳与其他城市在发展阶段和城市更新方面的比较

3.2.2　城市更新的发展历程

深圳的城市更新大致经历了四个阶段，即城市起步期、快速扩张期、稳定发展期和优化提升期。

1）第一阶段：城市起步期，自发性的单体建筑更新（20 世纪 80 年代初至 90 年代初）

20 世纪 80 年代早期，村民的自发建设活动已经出现，主要集中在罗湖和南山等城市先发地区，但是由于规模比较小，而且自发改建可以减少政府的负担，对城市整体发展起到正面作用，因此，政府采取的是默认的态度，只是要求村民不得额外占有土地。直到 20 世纪 80 年代后期，自发建设活动开始出现蔓延趋势，政府出台了禁止违章建设活动的政策，但这时大多数尚未对自有住宅进行改造的村民或持观望态度的居民自发建房的热情已经被调动起来了。这个阶段的自发改造多数没有经过规划指导，自改现象严重的旧村成为城市最混乱的地区之一（图 3-2、图 3-3）。

图 3-2　经济特区成立之前的小渔村

图 3-3　20 世纪 80 年代的深圳

图 3-4　20 世纪 90 年代末的深圳

2）第二阶段：快速扩张期，市场推动的小规模更新（20 世纪 90 年代初至 21 世纪初）

进入 20 世纪 90 年代以后，深圳的经济保持高速增长的势头，城市格局逐渐明显，土地价值攀升（图 3-4）。大量外来务工人员的到来，使“廉租房”的需求旺盛，旧村股份合作公司和村民纷纷自建住宅出租，获取租金收益，“城中村”现象出现。同时，随着城市空间结构的日益完善，以市场为动力的企业自发更新正悄悄展开，八卦岭、上步等一批地处早期城市边缘的工业区，凭借城市拓展带来的区位变化，依托原有基础逐步转型为以服装、电子为特色的商贸区，呈现一片繁荣景象。这个阶段是深圳城市更新问题全面爆发的阶段，但是由于对问题和成因并没有充分的研究，政府也只是采取“头痛医头、脚痛医脚”的方式治理，没有从改变城市更新的思路和管理方法方面去深入思考。

3）第三阶段：稳定发展期，专项政策引导下的空间改造升级（2004—2009 年）

进入 21 世纪，深圳城市发展进入稳定期，随着经济特区政策优势的减弱，再加上自身资源的条件限制，产业结构的不合理，以及不断增加的人口压力，市政府提出“二次创业”的口号，提出转变土地供需结构，开始着手进行以城中村和旧工业区改造为重点的城市更新。

2004 年 10 月，深圳市政府召开全市查处违法建筑暨城中村改造工作动员大会，拉开了新时期深圳城市更新工作的大幕。随后，市政府出台了一系列相关政策法规，并设立市、区两级专职机构指导城中村及旧工业区升级改造，使城市改造工作得到全面稳步推进，由早期个体自发自觉改造向理性秩序的方向转变。

4）第四阶段：优化提升期，系统性政策引导下的城市更新（2009 年至今）

2009 年，广东省全面启动了旧城镇、旧村庄、旧厂房的改造（以下简称“三旧”改造政策）工作。深圳借助广东省“三旧”改造契机，颁布了《深圳市城市更新办法》，允许市场主体、集体股份有限公司继受单位和政府等多种主体开展以拆除重建、综合整治和功能改变为手段，以城中村、旧工业区、旧居住区、旧工商住混合区为对象的更具综合性、更注重城市品质和内涵提升的“城市更新”，深圳城市建设进入存量优化、质量提升阶段（图 3-5）。

图 3-5　如今高度现代化的深圳

3.3　城市更新的对象特征与存在问题

3.3.1　更新对象分类与特征

目前深圳城市更新对象涉及城中村、旧工业区、老仓储区、旧居住区、旧工商住混合区、历史文化街区等各个方面。根据广东省委、省政府与市委、市政府关于“三旧”改造政策的要求，本书将更新对象归纳为城中村、旧工业区、旧城区三种类型（图 3-6）。

1）城中村

城中村是指城市化过程中依照有关规定由原农村集体经济组织的村民及继受单位保留使用的非农建设用地地域范围内的建成区域，以私宅为主，并可包含占地规模小于 5 000 m^2 的零散的村属工业用地。根据私

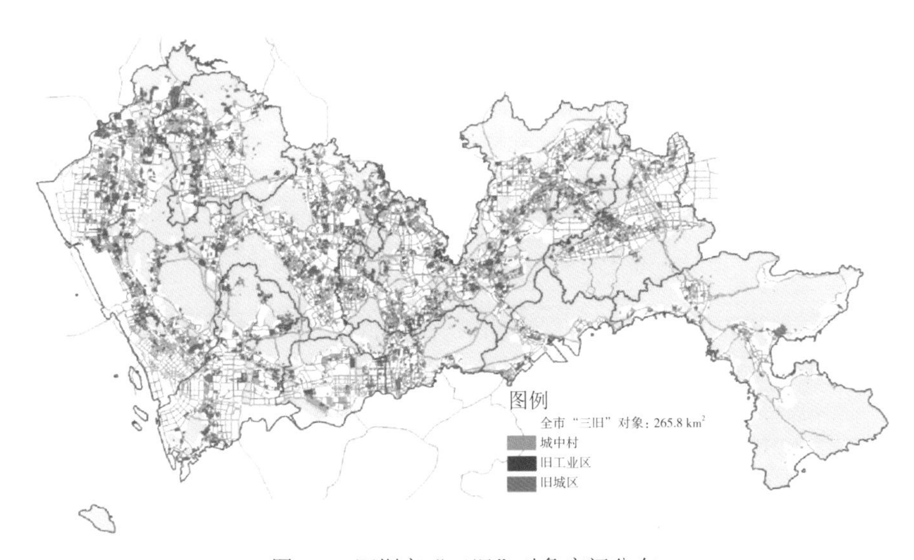

图 3-6　深圳市“三旧”对象空间分布

宅建设年代与建筑情况，城中村具体可分为旧屋村（旧村、老屋村、老围）和新村两类。旧屋村是指1993年深圳市政府《关于发布〈深圳市宝安、龙岗区规划、国土管理暂行办法〉的通知》（以下简称《通知》）实施前已经形成且现状仍为原农村旧（祖）屋的集中居住区域，为旧屋村生活服务的礼堂、祠堂、农贸市场、公厕等公共服务设施在《通知》实施前已经建成的，一并纳入旧屋村范围。新村主要为20世纪90年代以来新建的独立式钢筋混凝土楼房，经过一定选址和规划设计，并集中建设、棋盘式布局的私宅。新村通过村集体或规划划定宅基地进行建设，每户划定一定标准的宅基地面积（一般宅基地面积为100 m^2，南北建筑间距为2.5 m，东西间距为1.5 m左右），空间肌理较为规整，内部道路系统较为完善，建筑层数多为4—6层，建筑质量较好，基本为钢筋混凝土结构。

目前，深圳市城中村有336个，其中原经济特区内有90个，原经济特区外有246个，总用地面积为321 km^2，约占深圳现状建设用地的1/3，其中具有更新潜力的约为104.7 km^2。城中村租金低廉、配套服务成本也较低，成为城市低收入人群和大专毕业生落脚的场所，容纳了全市64%的实有人口，客观上承担了一定程度上的住宅保障职能。原经济特区内城中村与城市建成区界限比较明确，大都靠近市级中心区、区级中心区以及口岸，区位条件较好，建设强度较大（图3-7）；原经济特区外城中村是城区建设的主体，村与村之间连绵发展，其空间分布基本上和城区发展方向一致，大都位于区级中心区、组团级中心区以及重要的交通设施附近，建设强度明显低于原经济特区内。

（1）独具特色的居住形态

在深圳快速城市化过程中，原农村居住区域的土地、房屋、人员和

图3-7　高楼大厦丛中的湖贝旧村

社会关系等要素就地保留下来，村民之间延续着血缘、地缘的初级社会关系，而非业缘、契约的次级社会关系。城中村的原住民大多祖祖辈辈生活在这里，村里保留着以血缘和宗族维系的生存模式。村民的生活不同于通常的城市市民生活，大部分村民没有参与城市分工，仍然以出租土地及土地附着物为主要生活来源，他们的生活中多以休闲方式为主。在心理认同方面，他们一方面认为自己是城中村的主人，对这片社区最具有认同感；另一方面，他们在快速的城市化过程中出现了因无法融入城市生活而带来的心理失衡和失落。

（2）承担部分社会职能

城中村容纳了大量外来人口，低成本的生活为低收入人群和初到深圳的创业者提供了较低的城市进入门槛。大量外来务工人员为深圳建市初期的经济发展做出了巨大贡献，城中村对深圳的发展起了很大的后勤保障作用。同时，城中村的出租屋是村民的主要收入来源，解决了深圳迅速城市化之后村民的生活保障问题，降低了政府安置村民的压力。总之，城中村降低了城市进入门槛，满足了城市扩张与持续发展阶段对廉价劳动力的稳定需求，承担了政府与市场在住房保障方面的部分职能，增加了深圳的包容性（图 3-8）。

图 3-8　物业租赁信息

（3）促进基层经济发展

城中村经济主体大致包括三个部分：一是集体股份合作公司的经营活动；二是原村民的经济活动；三是居住在城中村的流动人口所从事的经济活动。其中，集体股份合作公司是城中村经济的基础和主导力量，既是城中村经济活动的组织管理者，又是经营实体；原村民既是集体股份合作公司的股东，又是员工，还是城中村经济的独立经营主体，也是城中村经济的主要获益者；城中村流动人口既是集体股份合作公司或原村民物业的承租人或者客户，又是城中村各种产业的实际经营者和主要消费者。

城中村经济活动主要包括两类经济行为：一是物业租赁活动；二是依附于房屋建筑的经营活动，主要包括生活配套服务、生产加工等。通过这类依附型经济活动，城中村经济与城市经济社会建立一定的联系，降低了低收入人群在深圳生活、就业的门槛，在城市发展初期对完善城市产业链做出了重大贡献（图 3-9）。

（4）缓解政府管理压力

当年为了较好地实现村集体经济的管理，各村都建立了股份合作公司，股份合作公司在城市建设、稳定社区和谐等方面曾经起过重要的作用。股份合作公司一方面为居委会的运行提供适当的资金支持(图 3-10)；另一方面行使行政性的社会管理功能，发挥着非常重要的管理作用，包括投资城中村地区的基础设施、管理数百万的外来人口、维护城市生活和商业活动秩序、提供社会保障、保证社会安全以及建设各类公共设施等，大大缓解政府的管理压力，减少政府财政支出。如福田区的 7 个城中村，社会管理性支出占股份合作公司主营收入的 35.1%，为政府分担了较大的财政压力（图 3-11）。这些管理保证了城中村的正常发展，也为深圳城市化的发展提供了最基本的保障。

图 3-9　城中村提供的经济服务

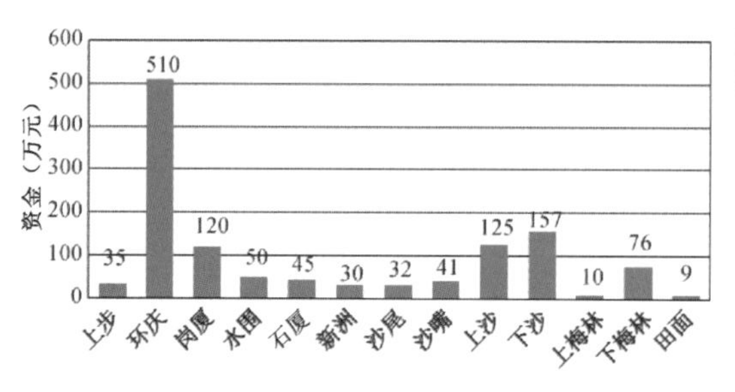

图 3-10　股份合作公司对社区投入资金

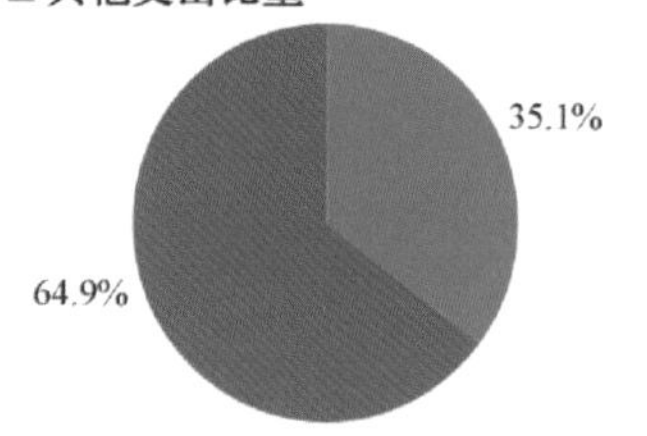

图 3-11　福田区 15 家股份合作公司支出结构

（5）移民文化与本土文化汇聚

城中村文化依据不同的人群呈现明显的分层，其显著特征是原住民的封闭心理和外来人口的过客心理造成两类社区居民在文化上的分裂。原住民的传统文化主要包括广府文化与客家文化。宗族文化强调人际间深厚的道义关怀，其存在对整个社区秩序的稳定、村民情绪压力的释放和缓解以及族内成员的社会保障方面发挥着积极的作用。移民文化正逐渐与本土文化融合，形成新型的社会网络关系，促进文化的多元发展。

大部分原村民还保留一些传统习俗（图 3-12），如定期在祠堂举行祭祀活动，每年正月十五在祠堂吃大盆菜，以及在节日期间举行舞狮等民间庆祝活动。以下沙村为例，下沙村“大盆菜”规模很大，甚至进入了吉尼斯世界纪录，而且下沙黄氏宗亲会在世界上也是有一定影响力的。这些文化事件是深圳城市文化的最重要构成部分，有较高的历史文化价值，沉淀了大量的深圳历史情结，是深圳地方文化所在。

图 3-12　下沙村的“大盆菜”节庆

2）旧工业区

随着城市经济发展、空间形态扩张以及城市功能转型，原来的城市边缘区、城郊地区以及一些交通要道沿线逐渐成为城市核心区。这种区位条件的变化导致地价上涨，受房地产开发利益的刺激，原有一些工业区或工业厂房正日益向商业、办公和居住等功能转变。原经济特区内大多数旧工业区正是这方面的典型案例，如上步工业区、南油工业区等。20 世纪 90 年代中期至今，原经济特区外最初分散的工业用地在快速膨胀，逐渐开始连片发展。一方面，随着城市化进程的加快，原有的商业、文化及居住等设施已不能满足发展需求，在城镇中心区以及重要的交通走廊周边也开始产生工业区功能置换的需求；另一方面，当前深圳可利用的空间资源已十分有限，大量粗放式发展的工业区和成片工业厂房也面临着转变土地利用模式、调整产业结构、深入挖掘存量土地潜力、为产业升级改造和新产业的发展提供空间的问题。

旧工业区指国有及原集体土地上占地规模大于 5 000 m^2、建筑物建成时间在 15 年以上的工业区或仓储区，不仅包括建设时间较早、厂房破旧、存在一定安全隐患、缺乏相应配套设施、无法满足现代化生产需要等物质形态老化的工业厂房，而且包括因产业结构调整、与周边城市功能冲突、用地效益低下的工业区及厂房。旧工业区一般具有以下一种或几种特征：建设年代较早，建筑结构不适应现代化生产要求，即工业建筑 50% 以上以砖瓦结构、混合结构为主的工业区；城市中心区“退二进三”的产业用地；城乡规划确定不再作为工业用途的厂房用地；深圳产业政策规定的禁止类、淘汰类产业的原厂房用地；布局散乱、配套设施不完善、不符合安全生产和环保要求的工业区；建设年代较早的老、旧仓储用地。

从空间范围来看，旧工业区的改造在原经济特区内外所指内涵是不同的。对于原经济特区内而言，其重点关注的是城市发展早期（20 世纪 90 年代以前）建设的成规模的十几个工业区（不包括现有市高新区范围内用地）；而原经济特区外，除了城镇中心区以及重要的交通走廊沿线的工业区，还包括一些不符合现代工业发展要求、规模小、土地利用效率低或手续不合法等特征的镇、村级工业园区。据统计，深圳基本生态控制线外满足上述条件的旧工业区面积约为 161.9 km^2，是深圳城市更新的重点对象（图 3-13）。

图 3-13　原经济特区外的旧工业厂房

3）旧城区

深圳全市现状旧城区规模约为 17.5 km^2，可细分为三种类型，即旧居住区、工商住混合区、历史文化保护区。

（1）旧居住区

旧居住区主要是指城市发展早期修建，客观上已不能满足使用者实际生活需求的住宅区，可分为早期由各机关单位自建的房屋和由开发商开发的住宅小区，包括政府福利房、单位职工安居楼、少量私房等（图 3-14）。典型的例子有：在原经济特区发展早期，一些企业、行政机关或事业单位单独或合作开发建设的职工宿舍，一般被称为“单位房”。从年代来看，这些不同成因的旧住宅建筑大多建设于 1990 年以前。如愉天居委会下辖的田苑新村，20 世纪 80 年代由深圳财贸实业开发公司开发建设，小区由开发商负责日常维护，后来公司倒闭，小区即陷入无人管理状态。

（2）工商住混合区

工商住混合区主要存在于原经济特区外早期开发建设的老墟镇中心区（图 3-15），大多是居住、商业、工业等多种功能混杂，大致可分为两类：

一类是商业与居住混合，一般位于旧城中心、传统商业比较兴旺的地区，这类地区往往包含不少政府社团用地及商业办公用地等，是典型的旧城；还有一类是工业与居住混合，这类地区工业用地分散在旧村内，很难将它从旧村中分离出来，且工业用地总量不低，占到这类混合用地 1/3 以上。深圳市大部分工商住混合区内的建筑质量相对较好，商业繁华、经济活力较高、社会管理情况也较好，与一般老城区破旧、缺乏活力的印象存在较大差异。

（3）历史文化保护区

历史文化保护区是指经国家有关部门和省、市、县人民政府批准并公布的文物古迹比较集中，能够较完整地反映某一历史时期的传统风貌和地方、民族特色，具有较高历史文化价值的街区、镇、村、建筑群等（图 3-16、图 3-17）。按照《深圳市紫线规划》划定对象的不同，历史文化保护区可分为文物保护单位、历史文化街区、优秀历史建筑三类。

文物保护单位是指深圳市政府核定公布的具有历史、艺术、科学价

图 3-14　原经济特区内的老旧居住小区

图 3-15　观澜老墟镇

图 3-16　大水田村古建筑群

图 3-17　南头古城

值的古文化遗址、古墓葬、古建筑及近现代重要史迹和代表性建筑等不可移动文物。历史文化街区是指传统建筑集中成片，建筑样式、空间格局和外部景观较完整地体现深圳某一历史时期的传统风貌和地域文化特征，具有较高历史文化价值的街道、村落或建筑群。深圳优秀历史建筑是指具有以下一种或几种特征的建筑：建筑样式、施工工艺和工程技术具有建筑艺术特色和科学研究价值；反映深圳地域建筑历史文化特点；见证深圳发展历史的代表性建筑；在深圳产业发展史上具有代表性的作坊、商铺、厂房和仓库；其他具有历史、科学、艺术价值或纪念意义、教育意义的优秀历史建筑。

3.3.2　更新对象的主要问题

城中村、旧工业区、旧城区在城市发展初期为城市经济、社会发展做出了较大贡献。然而，在深圳要实现建成现代化国际大都市的发展目标下，城中村、旧工业区、旧城区在物质空间、社会文化、经营管理、生态环境等方面存在的诸多问题已成为制约城市发展的重要瓶颈，在城市更新的具体实践中也有许多需要进一步完善的地方。

1）物质空间方面

城中村、旧工业区、旧城区由于开发建设背景不同、管理模式不同，存在的问题也各不相同。作为政府或企业早期建设的旧城区，问题相对单一，主要表现为建筑破旧老化、环境卫生差、基础设施建设不达标、物业管理缺乏或不规范等问题，而城中村、旧工业区存在的问题则相对复杂。

（1）城中村

大部分城中村原集体土地利用结构不合理，居住用地与商业用地所占比例较高，而教育、文化、卫生、体育、绿地、道路广场等社会公益性用地所占比例较低。随着城中村逐步扩张建设，绿地被侵占、公共活动空间减少的情况越发严重。

建筑容积率、建筑密度严重超过标准。村民在自己的宅基地内尽最大可能建满住宅，有些地段邻里间的住宅楼几乎挨在一起，俗称“握手楼”“接吻楼”。高密度的人口带来的高密度建筑、长期存在的“见缝插建”使各村的建筑密度和空间形态处于失控状态，住宅的日照间距难以满足基本的卫生和生活要求（图 3-18）。

图 3-18　拔地而起的“握手楼”（新村）

老屋村建筑破旧。除了大规模层数较高、质量较好的现代城中村（新村），深圳还零散分布着少量的早期城中村（旧村、老屋村），多为一层建筑，以青砖抹灰、黑瓦盖顶、顶上起脊为主要外表特征。这些老房子大多建设于 1949 年前后，年代久远，斑驳古朴，装饰细部有浓郁的传统与地方特色，承载着各村的发展历史，但由于长期缺乏维护，老屋村的建筑普遍破旧，并存在严重的安全隐患。

违建现象严重。在市场利益的驱动下，城中村私人违章建房成为深圳市各类违章建筑中历史最长、范围最广、规模最大、处理最为复杂的“老大难”问题。按原标准衡量，无论是每户的栋数，还是每栋的宅基地面积、建筑面积都远远超标。更为严重的是，拆旧建新、擅自加层、扩大建筑面积等违法违章行为给城市的统一规划带来了极大的困难。

各类设施缺乏。在基础设施方面，城中村的基础设施多数由村股份合作公司自己投资建设，普遍缺乏长远考虑，随着人口的增加，水电、排污等设施明显不足，而且部分设施质量也难以保障（图 3-19）。在公共服务设施方面，村股份合作公司过于注重经济利益，在工业、商业等方面投资较多，而对学校、诊所等公共服务设施投入较少，因此，各类公共配套服务设施普遍缺乏。在商业设施方面，以零售和小商店为主的商业和服务业较发达，但是规模小、档次低，质量难以保证，服务水平较差。

道路停车系统不完善。受到城中村布局混乱、建设密度高的影响，全市支路系统尚未完全形成。城中村内部交通微循环较差，道路杂乱且宽度窄，大部分小巷不能通车，造成极大的消防隐患。路面破损严重，

图 3-19　城中村内陈旧、老化的市政管网

有些地段仍是土路，村内交通极为不便。城中村内部停车一般采取路边停车形式解决，给本就很窄的道路带来更大的交通压力，也阻断了消防通道，一旦发生火灾等紧急情况，后果不堪设想。

环境卫生问题突出。随着城市化进程加快，城中村容纳了越来越多的外来人口，大量流动人口集聚于此后，环境卫生问题接踵而来。由于缺乏有效的管理，垃圾箱数量不足、排水设施不畅，致使生活垃圾、污水、粪便以及那些简陋的工厂和作坊中的污水垃圾就地倾排，形成了脏、乱、差的市容景观，无法达到健康、安全的现代宜居标准（图 3-20）。

图 3-20　城中村混杂脏乱的居住环境

（2）旧工业区

整体建设水平较低。根据全市工业区普查结果显示，旧工业区在建筑结构、开发强度、厂房形态方面与现代产业发展需求存在明显的不适应性。在建筑结构方面，有 350 个工业区以砖瓦、混合结构为主，厂房适用性较差。在开发强度方面，151 个工业区容积率低于 0.8，且建筑密度大于 45%，用地粗放且开敞空间较少。在厂房形态方面，有 652 个工业区的厂房基底面积小于 600 m^2、建筑面积小于 1 200 m^2，厂房体量较小，适用性较差。

缺乏各类配套设施。工业区普遍缺乏商业服务设施、物流仓储设施，市政设施的配套也不到位，经常发生供水供电不稳定、污水乱排放等现象，既影响了工业区本身的招商引资和发展建设，也对环境造成了较大污染（图 3-21）。

与周边城市功能存在冲突。原村集体开发建设的工业区有些与其他用地犬牙相错、混杂分布，一些工业区和城中村混杂在一起，村中有厂、厂中有村，相互干扰，空间格局松散（图 3-22）。这种现象主要是由旧工业区的产业发展模式所导致：一方面，“三来一补”企业规模小，设备简单，追求低成本，对生产场地要求不高；另一方面，工业厂房遍地开花、各自建设的局面导致彼此之间缺乏功能协调，影响用地结构优化和土地增值。

产权不清成为升级改造的主要障碍。深圳市工业区用地权属十分复杂，根据 2009 年全市地籍数据显示，工业区内一半以上的用地无任何用地手续，加上原集体土地上的工业区普遍存在租厂房、售厂房、租地、

图 3-21　旧工业区内配套设施与环境

图 3-22　与周边用地功能混杂的旧工业区

售地等用地和建筑倒卖的情况，更加重了工业区权属的复杂性，给工业区改造、工业楼宇流转、盘活工业用地带来了相当大的困难。

2）社会文化方面

传统的土地观念是阻碍城中村改造的深层次原因。在解决涉及城中村土地和管理问题的时候，传统农村的观念意识是阻碍城市更新的深层次原因。村民对土地的拥有、依赖意识非常强烈。大多数村民认为："我们祖祖辈辈在这里生活，这里的土地就是我们的。"强烈的土地占有意识由长期以来农民对土地依赖的经济生活状态所决定。此外，村民对于国家有关土地权利、土地管理和城市规划的法律法规知识了解不多，也是阻碍城中村改造的重要原因。

宗族血缘关系与现代化社会法制管理存在矛盾。城中村村民宗族观念强、排斥外人、法制观念淡薄。在城中村，不同姓氏的村民有不同的宗族祠堂，同一个宗族的村民往往联合起来为本宗族争取更多的政治和经济利益，这在土地划分、股份合作公司选举、股份合作公司收益分配等方面体现得尤为明显。当村民的个人利益和集体、社会利益发生冲突时，村民就会为了个人利益牺牲集体、社会利益。

村民的进取、竞争意识不强。原村民虽然在经济上因为物业出租获得了较大的经济收益，但相对于现代化的城市生活方式，他们被排除在外，成为“非农非城”的“边缘劳动力”或“食利者”。许多原村民希望房屋出租能够解决他们今后一生甚至子孙后代的生存和生活问题，很多人不想到社会上去工作，不想通过个人的努力在社会上立足。

村民与外来移民之间形成文化心理隔阂。由于是原住民的关系，大部分原村民把城中村当作自己的地盘，在政府对城中村管理出现缺位的情况下，原村民普遍认为这里的一切都应该由他们来支配和处理，外来人口只是过客，很难扎根在城中村，更谈不上参与城中村的建设与管理。股份合作公司和居委会里的本村人占大多数，外来人很少。村股份合作公司兴建的文化、体育、娱乐设施也一般只对本村村民开放。虽然城中村依靠外来租户兴旺发达起来，但是排斥外来租户的心理依然严重。

图 3-23　几近被遗忘的庚子首义旧址

图 3-24　缺少维护的大万世居

文化遗存保护缺乏制度保障。作为一种植根于农村的传统文化，文化遗存以符号的形式告诉人们这块土地的历史，包括宗祠、古建筑和古树等。宗祠在一些城中村中有强化的迹象，但这种强化多是符号意义上的，表达了人们富起来后寻根念祖的心理需求。宗祠成为“家”与“根”的象征符号，其不仅是物质形态上的宗祠，更是海内外华人对家乡思念的载体。城中村中存在着一些以简洁实用、纯朴厚实而著称的客家围屋建筑风格，以及见证着村庄发展历史的古建筑和古树，但不少古建筑终日日晒雨淋，显得十分破败，一些百年以上的古树也遍布着铁丝网线，任人随意攀爬。虽然这些古建筑和古树不能被称为严格意义上的历史文物，但它们作为传统乡土文明的记忆符号，如果缺少必要保护措施，将会面临销声匿迹的危险（图 3-23、图 3-24）。

3）经营管理方面

深圳市城中村集体股份合作公司的出现是深圳城市化过程中的必然。股份合作公司在城市建设、社区和谐等诸多方面曾经起过重要的作用，它实际上是村集体经济向城市市场经济发展过程中将集体经济收益进行再分配的一个机构，起着非常重要的经济和社会作用，但也存在诸多问题。

经营管理的封闭性阻碍股份合作公司发展壮大。城中村建楼、租楼以及股份合作公司的分红均具有排他性，非原村民不可为、不能为。城中村的主要经济实体——股份合作公司封闭的股权结构限制了其他社会资本进入其中，导致现代企业管理制度缺位。股份合作公司的中高层管理人员都是原村民，社会经营人才无法进入，从而使股份合作公司陷入“缺乏经营人才无法发展实业、没有实业就不需要经营人才”的恶性循环之中，经济活动仅以物业出租经营为主，形成了以租赁业为核心、自我封闭的经济系统。

政企不分的“非正规化”管理。股份合作公司是一个党、政、法、企高度合一的管理组织，城中村内的各种社会事务都由股份合作公司负责。政府基本放任城中村股份合作公司管理各村公共事务。城中村股份合作公司管理少数村民尚且力不从心，面对数量庞大、构成复杂的外来人口更是束手无策，因此造成众多社会问题，并对社会稳定构成潜在威胁。

市场竞争意识和能力较弱，抗风险能力不强。村股份合作公司发展所依靠的生产资料主要是土地。股份合作公司自办的工业、商贸、高新技术及其他领域的企业非常少，即使尝试过也大多以失败告终。目前股份合作公司经营业务的范围主要是出租住宅、工业厂房、商业铺面。而且，很大部分的私房和厂房都属于违法建筑。据统计，原村民的主要收入有近一半源于违法建筑。

过度依赖物业经济，原村民难以转化为真正意义上的现代城市居民。村股份合作公司与村民的主要收入来自租金，而且原村民靠自己的房租收入和股份分红就能维持一个相对高的生活水平，从而导致其外出寻找就业机会的意愿薄弱，使其与城市居民的生活方式格格不入，难以融入现代化的城市生活。

4）产业经济方面

不同地区城市化发展的路径是不同的。苏南地区是以在农村发展乡镇工业和非农产业的基础上实行的城市化。温州地区则是以发展个体、私营经济为基础，通过千千万万的农民创业、农民办企业和经营企业来促进农村城市化。深圳作为一个高速发展的年轻城市，其工业化和城市化的过程却把农民排除在外，在此过程中，农民仅仅是提供了土地，而未真正参与城市产业分工之中。这种情况导致城中村在经济发展过程中存在诸多缺陷和不足。

工业用地资源低效利用。原村集体股份合作公司开发的工业用地占全市的 60% 左右，这些工业区为了追求租金收益，往往对入驻的产业不设门槛，导致大量空间资源被低层次、低附加值的产业占据。无论是产业类型还是用地效益，原经济特区外与原经济特区内均存在明显差距，而且在二元化的管理体制下，原经济特区内层次较高的制造业结构体系难以有效带动原经济特区外制造业结构体系的提升。2016 年全市地均工业增加值为 42 亿元 /km^2，然而原经济特区内地均工业增加值却高达原经济特区外的 8—9 倍，用地集约度呈现出较大的不均衡性。

低档次、小规模服务业阻碍整体水平提升。城中村的商业服务业多为小门面的个体零售商铺，无证照经营、逃避税费和政府监管的现象普遍，因此造成不正当竞争。这些商业效率极低的小门面占据着有形的商业地理空间和无形的商业空间，与低收入人群互为支撑，成为深圳市商业提升的阻力。

城中村存在大量非法地下经济活动。城中村的地下经济活动处于政府管理和监管之外，因此存在大量不合法、不公开的经济活动。例如，制造、销售假冒伪劣商品；从事国家明文禁止的非法活动，如色情交易、毒品、赌场、地下钱庄等；进行涉黑经济活动，如强买强卖、掠夺垄断利润，靠暴力手段收取保护费、放高利贷等。这些都严重影响社会稳定和社会治安。

5）生态环境方面

长期以来，产业的自然蔓延以及分散化和低层次的发展，使城市付出了环境承载力过早饱和的沉重代价，并对基本生态控制线内的生态环境造成严重影响。原经济特区内，与生态用地冲突的工业区主要集中在南山区西丽水库周围；原经济特区外，在石岩、龙华和观澜的二级水源保护区内工业用地蔓延严重，使河流和水库水质遭受影响，主要供水水库基本接近地表水 II 类水的标准，仅能勉强满足饮用水源的要求（图 3-25）。

图 3-25　排入河流的工业污水

6）更新管理方面

（1）积重难返的土地问题

1992 年和 2004 年两次城市化工作使全市原集体土地全部流转为国有土地，但因当时配套政策不完善等原因造成纷繁复杂的土地遗留问题。虽然在短时间内实现了土地国有化，但同时也遗留了大量土地性质不定、权属不明的问题，造成了土地权益不清、责权不公等现象。土地的征转，并没有实现农民的城市化，反而遗留了大量的土地灰色空间。随着城市的扩张发展，原有土地价值不断增长，原村民在利益驱动下爆发了群体件的大规模违建、抢建行为。此外，城市管理的不到位、政策的不完善，也使违建行为有机可乘。政策不但没有遏制多次大规模的违建行为，反而使违法建筑泛滥成灾。

以新增用地为前提的土地政策体系急待完善。深圳现有的旧区大多产权零散、功能混杂，在更新改造过程中，从规划功能和空间利用合理的角度出发，往往涉及更新地区功能的综合利用、原有土地的整合和功能置换，而目前在土地清理方面尚缺乏相关政策，因此导致大量旧区的更新改造难以推动实施。同时，现有的土地政策大多是针对新增用地开发的，对存量用地的出让方式、地价收支模式、土地回购、房屋拆迁等方面缺乏综合全面的研究，现有的政策体系有待进一步完善。

（2）市场强势驱动下的利益博弈

城市更新是城市资源的一次重新配置，也是城市众多阶层和社会群体的一次利益调整，因此，城市更新是否真正可行关键取决于政府、开发商和原有业主间的利益平衡。但各方从自身角度出发，往往产生城市整体利益与局部利益、个体利益的矛盾，城市长远利益与短期经济利益的矛盾。相较于其他城市，深圳市场化运作成熟，原业主享受了因城市化带来的租金收益，是既得利益者，处于强势地位，且在城市更新中不断追求利益最大化，因而导致以城市公共利益为目标的改造成本增加。

《中华人民共和国物权法》出台以后，一方面涉及个体物业征用更加敏感，“钉子户”现象日益突出；另一方面由于目前对公共利益界定不清，在面对具体城市更新中的拆迁、补偿等利益问题时，政府难以进行理性判断和作为。

（3）政府在城市更新实施和管理中的缺位

政府对市场干预手段有限，难以实行行之有效的控制引导。目前，深圳的城市更新项目多是依靠“自下而上”的方式，市场动力强劲，占据主动，大多数易于改造实施和经济利益可观的地区通过开发商实施了改造，而部分根据规划急待通过更新完善城市功能的旧区由于经济收益有限而难以推动，政府意愿和市场操作发生了错位。这种由市场带来的短期经济效益推动的城市更新，始终着眼在土地经济价值的再开发，难以实现城市更新的社会、环境、文化等方面的整体提升，可能会给今后整体性的城市更新带来资源浪费和“二次更新”的危险。

政府自主参与更新改造的机制尚待完善。城市更新作为一项系统工程，涉及国土、规划、发改、经贸等多个职能部门，在实际操作层面，政府自主参与城市更新的体制机制尚未建立完善；另外，现有城市更新法规政策缺位，对于更新改造的项目往往采用“一事一议”“一村一策”等个案操作的方式，容易滋生不公平的现象。

4 利益平衡下的更新模式

城市更新作为一种行为，其突出特征在于它是一种包括公共的、私人的和社区部门的活动。城市更新中公共部门和私人部门等各种团体之间复杂多变的相互联系与作用，被称为角色体系（Actor System）。城市更新的历程可以认为是各种团体如何通过有限资源的分配来实现自己既定目标的过程。各种参与者围绕着资金、决策和利益分配的责权关系而形成的角色关系，在很大程度上决定了城市更新的内容和结果，也决定了城市政府在改造过程中的功能与作用。

4.1 多元利益诉求

4.1.1 城市更新的主体与角色

1）更新主体

政府（部门）、市场和业主（含租户）是城市更新活动中的主体。

（1）政府

政府主体包括各级城市政府，以及获得政府授权的公营部门或公共机构所代表的政府力量。政府参与城市更新活动的主要动力在于：通过改善城市环境、提升人居环境、优化产业空间布局结构、推动基础设施建设和环境建设体现政绩；通过更新区域的地价增长增加税收；通过推动城市更新项目获取城市可开发的土地资源，并以此促进城市商业房地产业的发展，进而获得土地收益。

深圳城市更新主要涉及两级政府：市层面的行政管理主体是深圳市城市更新局，负责统筹协调、政策制定、指导全市城市更新工作；区层面的行政管理主体为各区（新区管委会）城市更新局，主要负责更新项目计划、城市更新五年规划以及更新单元规划的审批、用地出让的审查、城市更新主体的确认等，在特定类型更新项目中，也会承担规划编制等更为直接和深入的职能。

（2）市场

市场主体指工商业及金融集团代表的市场机构，包括房地产开发商、金融信托机构和其他专业服务提供机构等。房地产开发商参与城市更新活动的主要目的在于获得城市中心区域可用于开发的土地，以及通过开发前后地产价格的变动获取利益。其他市场机构则通过提供金融等专业服务获得收益。

伴随深圳经济、社会与城市建设的快速发展，深圳的土地资源与周边地区的级差地租越来越大，在深圳开发房地产的利润空间自然也就高于周边其他城市。这几年深圳成为全国房地产开发商竞争的焦点，其中既包括发端于深圳本土的私营企业，也包括具有雄厚资本实力的国有企业。由于更新周期长、项目风险大，很多企业都成立了专门的旧改公司从事更新工作，并且采取一个项目一个子公司的方式进行运作。房地产开发商虽然不拥有更新前各类物业的产权，但可与原产权人协商，通过投资开发更新项目，获得更新后土地的全部或部分使用权，以及相关物业收益。

（3）业主

业主是更新活动的重要参与者，但区别于政府和市场主体，其参与城市更新的原因在于内在动力，包括更新活动完成后安置条件的改善，或者获取货币 / 接受产权补偿等。

城中村的产权主体为原村集体股份合作公司及其股民。作为原农村集体经济组织的继受单位，股份合作公司实际掌握着深圳约 321 km^2 的土地使用权，可以享受原集体土地及土地附着物产生的各类租金收益。由于股份合作公司以土地及土地附着物租赁为主要经济来源，在更新中追求利润，迫切希望通过增加物业规模、提升物业品质来提高租金收益水平。股份合作公司以地缘、血缘关系为协作基础，在更新中有较强的自组织能力。

深圳旧住宅区的产权主体为小区购房户。深圳旧住宅区总体规模较小，主要是 20 世纪 80—90 年代兴建的企事业单位宿舍及公务员小区。根据抽样调查，深圳旧住宅区业主中有超过 20% 为离退休人员，25% 年龄在 56 岁以上，70% 以上为自住。相对于城中村，旧住宅区居民希望通过更新改善居住条件的诉求更为强烈，但是业权分散，组织力度较弱。

深圳市工业园区的产权主体为用地企业和城中村集体股份合作公司。其中，国有用地自建主要由企业取得国有用地合法产权后自行建设，产权主体自身从事生产的比例较高，兼有部分物业出租。股份合作公司用地自建是城中村集体股份合作公司在掌握的用地上建设厂房，由于股份合作公司不直接从事生产，因此该类园区主要用于出租。

（4）租户

租户是更新活动的被动参与者，在更新中话语权微弱，往往是在更新中的弱势方。

城中村及旧住宅区的租户以个人为主体，根据全市摸底结果显示，深圳超过 1 000 万人居住在集体股份合作公司实际掌握的土地上，占全市实际管理人口的一半之多。根据抽样调研显示，有 47% 的城中村租户在深圳居住时间都超过 5 年，因此城中村不仅是城市新移民的临时落脚点，更是很多居民长期的立身之所。深圳城中村租户具有年龄轻、就业多元的特征。城中村拆除重建后，物业租金水平大幅上升，对原有租户的挤压效应显著。

工业园区的租户以公司法人为主，又分为长租和短租两类。其中，长租的租户多是早年通过以租代售方式取得数十年物业使用权的，伴随产业转型升级，该部分主体中已有较高比例不再直接从事生产经营，而是通过物业租赁获取收益。在更新中，股份合作公司需要先行与其厘清经济关系方可开展更新，因此其权益可以获得一定保障。短期租赁的租户多为生产经营性企业，在更新过程中仅能获得少量的租金赔偿，先期投入的装修费用无法回收，公司生产经营的连续性也将受到显著影响。

（5）其他

其他与城市更新活动直接或间接相关的群体，包括拆迁实施单位和评估单位、规划师和建筑师、舆论媒体、专家和律师等。其中最直接的是拆迁实施单位以及评估单位，其行为直接影响到旧区改造计划的实现、政府形象与开发商形象以及业主与公众的切身利益。

2）更新角色

城市更新的运作流程可概括为“计划建立—投融资—交易与契约—项目执行—计划实现”五个核心环节（图 4-1）。每个环节的主要角色包括组织者、投资（收益）者、（被）拆迁者、开发者、使用者以及监督协调者：组织者指因自身利益而进行项目发起，并推动项目进展的主导者；投资（收益）者是以货币或非货币形式进行投资，并在项目实施过程中具备话语权和收益权的角色，这个角色在交易与契约阶段和项目执行阶段可以由不同主体承担；拆迁者是拆迁补偿谈判和实施的行为主体，被拆迁者是被予以拆迁、安置和补偿的被动参与主体；开发者指拆迁、安置、补偿完成后，在原有用地上进行重建开发的主体；使用者是重建完成后的产权所有人和使用主体。监督协调者指在更新项目从建立至实现过程中，对各环节可能存在的利益矛盾和政策性、技术性失误进行综合协调和监督的主体。

在一般的城市更新模式中，政府（部门）、开发商和业主是更新主体的核心构成。除业主外，城市政府和开发商在所有更新模式中均扮演主动参与的角色，业主在部分“从上至下”的更新项目中仅作为被动参与

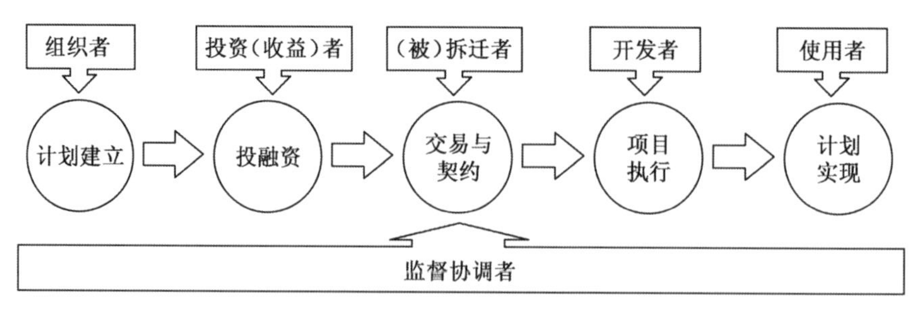

图 4-1　城市更新的运作流程

的角色，但随着城市更新模式的不断发展和对公共权利的逐步重视与强化，业主逐渐在城市更新模式中扮演越来越重要的角色，直接参与更新决策过程。在部分城市中，政府授权成立公营机构（具有公共目标和权力、资金支持的非政府机构）作为政府参与城市更新的主体角色。这一方式在许多城市中存在，但在欧美城市中，这一公营机构角色已逐步退出历史舞台。租户在更新过程中扮演单一的被拆迁者，也是除业主之外最大的受影响者。但与业主不同，租户在许多更新活动中受到的影响并未被予以考虑，被排除在更新主体之外。

4.1.2 城市更新中的利益关系

1）基于角色构成的利益关系

（1）政府既是投资人，又是组织者

该模式一般适用于公益性项目，包括绿化工程、市政建设、综合环境整治和社会事业项目等，以及计划经济以前的旧城改造项目。在计划经济时期，政府行为几乎贯穿所有建设项目实施过程中的大部分工作。政府将动迁任务直接下达给动迁实施单位，同时将工程任务直接下达给工程实施机构。政府直接拨款，牵头组织实施，并承担协调职能和仲裁职能。另外，政府又是被动迁居民利益的总代表，呈现出强势政府的特点。

（2）政府是投资人，企业是组织者

该模式一般适用于公益性项目，是计划经济向市场经济转轨时期逐步建立起来的一种组织机制类型。地方政府成立市政总公司，由市政总公司全面负责政府确定的社会公益项目。待项目确定后，政府将任务下达给总公司，由总公司承担委托动迁和工程等工作。政府负责财政支付，承担协调、仲裁职能，并对实施企业进行监督管理（或委托社会中介机构进行），但不直接参与具体业务工作。另外，政府具有协调居民矛盾或维护公共利益的职责。

（3）政府是投资人，第三部门（非营利性社会机构）是组织者

该模式适用于公益性项目，也适用于商业性项目。政府将改造任务下达给第三部门，授权该部门依法办理相关手续并实施拆迁；政府以市场化融资手段为该部门融资提供担保，通过市场化方式确定拆迁标准、估算总成本；拆迁后所得到的净地根据规划分别处理，作为绿化、道路、市政、公共住房及其他公共设施等建设用地，用于商业开发的，则交由土地储备中心等机构通过招拍挂形式出让，出让所得资金用于归还银行利息本息。这是一种系统性较强、需统筹全局的运作机制。

（4）开发商是投资人，政府是组织者

该模式一般适用于商业性项目。开发商与政府签订委托拆迁协议，将动迁任务全面委托政府。政府接受拆迁委托，为开发商组织实施拆迁，并将任务直接下达给动迁实施单位。也就是说，政府既是受委托者，又

是组织者，既是管理者，也是被监督者，同时还是协调者，并代表居民。在房地产市场和社会相对平稳的时期，这种模式也许是有效的，是改善投资环境、提高政府服务水平的体现。但在房地产市场急剧变化、动迁矛盾和社会冲突频繁发生的时期，政府很有可能因此陷于被动。其结果是，政府处于最中心、最焦点的位置，既可能承担开发商的责任，也可能受到居民和外界的质疑。这种模式2004年以前在深圳较为多见。

（5）开发商既是投资人，又是组织者

该模式一般适用于商业性项目。开发商在各项手续齐备的情况下，直接委托动迁实施单位进行拆迁。开发商既是出资人，又是组织者；政府主要承担管理、监督和协调职能。由于政府不直接参与动迁业务，可以进行协调也可以客观公正地实施监督、指导和管理。近年来，全国已有许多商业开发项目采取这种模式。实践证明，这是一种有效规避社会矛盾、推进政府职能转变的模式。

（6）承租人和所有权人是投资人，专门机构是组织者

该模式一般适用于以社会力量主导的改造项目。由于该模式改造具有自我平衡、保本微利的特点，出资人实际上就是承租人和所有权人。在组织实施的过程中，由于居民的分散性特点，投资人一般是由所有权人和代表居民的社区组织构成，双方组成工作委员会承担组织实施的主体职能。在居民回迁的基础上，动迁实施单位是否需要参与已变得不重要，只要承租人和所有权人协商一致，加上政府的协调推动和社区的组织配合，友好协商以解决有关问题是完全可能的。

2）基于动力学的角色关系模型

当城市更新活动具体到城市更新项目时，项目的更新动力实际上是来自项目的价值分配。当更新主体只包括市场和使用者时，交换价值与使用价值矛盾论揭示了其动力机制。然而，在现实更新组织模式中，政府是在交换价值与使用价值矛盾论中被忽略的核心主体。政府参与更新主体的动力目标和价值观往往在社会目标与经济目标之间摇摆，其偏向度取决于更新阶段的具体特征与导向。此外，从公共理论学角度出发，政府除了代表公共利益的集体角色外，还必须考虑政治家的个人角色与对政绩的追逐动力。因此，政府参与更新行动的动力可以解析为政治、经济和社会三大价值取向。

在城市更新主体的角色构成中，主导者和支持者的确立，取决于项目内涵的价值分配。当更新项目的政治价值高于经济与社会价值时，政府则是更新过程中的组织者，并为项目的实施付出主要代价；当更新项目的经济价值高于其他价值时，市场主体是最合适的组织者和资金筹措者，因为更新项目的实现为其产生相对较大的利益回报；当更新项目的社会价值最高时，也就是说项目的产生完全在于更新老化的城市空间，使其实现最基本的水平条件，空间的使用者是最适合的组织者并参与更新决策。就理论而言，社会价值的体现是所有城市更新项目存在的基础。

这一模型在于解释城市更新项目的动力与最优的更新组织模型之间的相互关系（图 4-2）。

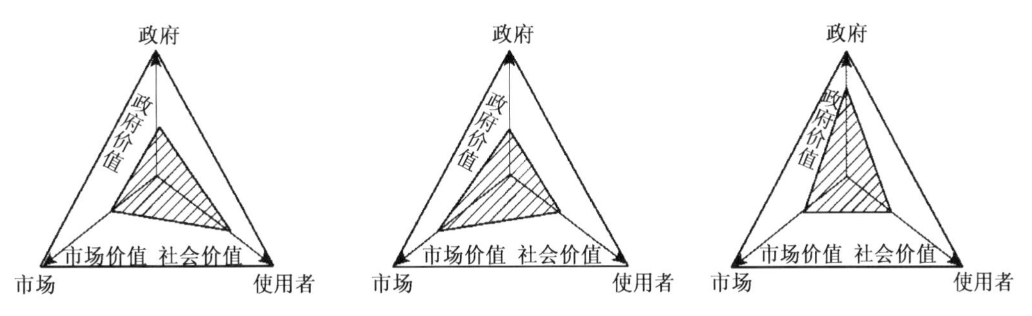

图 4-2 “目标—角色”双纬度角色关系模型

4.2 深圳城市更新模式的演变

城市更新作为城市建设的一种表现形式，一直伴随着城市发展。深圳的城市更新以 2004 年出台专门的改造政策——《深圳市城中村（旧村）改造暂行规定》为界可划分为两个阶段。

4.2.1 非常态化的城市更新模式

2005 年之前，深圳的城市更新行为活跃度相对较低，城市更新被视为一般的房地产开发行为，既没有专门的管理职能部门，也缺乏针对更新的专项政策法规。在城市更新过程中，政府既不对城市更新项目进行宏观层面的调控，也没有进行特别的监督和管理控制，仅充当协助管理的次要角色，基本不介入具体更新改造行为。以市场推动的业主与开发商合作开发是这一时期的主要更新模式，一般称为“自改”或“合作建房”，即所有权人（一般为村集体）出地，开发商出钱出力，或者所有权人自行组织、管理、筹资并实施更新（图 4-3）。

在政策不健全、体制不完善的背景下，这种城市更新模式顺应了当时的市场发展需求，并充分利用了市场资金和力量，政府负担较小，实施效率较高，但也存在不少问题。

一是政府缺乏有效管控。当时政府部门依照房地产商业开发管理的一般程序对城市更新行为进行管理，管控力度较弱，加上缺乏必要的城市更新规划引导、协调和调控手段，规划统筹与管理能力十分有限。

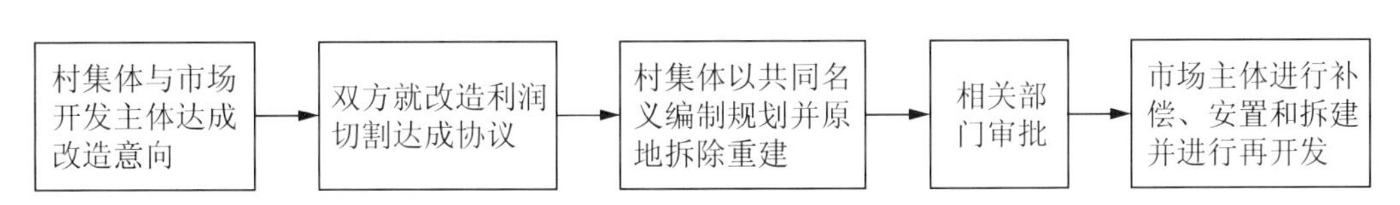

图 4-3 早期的城市更新项目实施流程

二是出现盲目更新的问题。这种完全依赖于市场主体推动、投资和开发的更新行为，由于缺乏宏观层面的引导控制，更新实施者很容易脱离市场需求，导致更新后的过度开发，从而造成商品房大量空置。例如20世纪90年代末全市办公楼大量闲置，很大一部分原因就是在改造和开发中仅仅注意到规划功能的合理性而没有研究市场的供需情况，造成市场无力消化新增供给，这既不利于房地产市场的正常发育，也会造成大量资金的积压。

三是更新项目以协议出让的方式造成土地投机。与新开发用地通过招拍挂出让方式不同的是，更新项目是以协议的方式进行出让，而且土地部门为了节省投资，常将旧区拆迁和基础设施配建工作一并交给更新实施主体，当拆迁和设施配建工作完成后，“生地”变“熟地”，土地升值，开发商能从中获取较高的利润。在当时规划执法不严的背景下，开发商从“房屋”转向“土地”，以较低的土地出让金获取土地后就转手倒卖土地建设权，导致项目最终的更新与开发成本飙升。为获得投资回报，最终的开发商想方设法与政府谈判以修改规划条件，使城市规划受到较大冲击。

四是城市更新中忽视社会问题。这一时期的城市更新更多的是追求物质性更新，对原有的历史文化传承和社会关系造成巨大冲击，对区域范围内的社会、经济发展结构也产生不可预见的影响，如绅士化现象、租户丧失生存空间等。实施更新后，传统的居住文化圈被冲破，而新的居住人文环境又很难在短的时间内建立起来，邻里关系、安全感、交往空间的缺失使更新后的社区缺乏认同感和归属感，居民开始怀念原来的邻里关系、安全感、交往空间。

4.2.2 制度化建设下的城市更新模式

2004年和2007年，深圳分别出台《深圳市城中村（旧村）改造暂行规定》和《深圳市人民政府关于工业区升级改造的若干意见》，标志着深圳城市更新工作进入制度化建设的探索阶段。经过多年的实践探索，在“政府引导、市场运作”原则的指导下，目前深圳的更新模式主要有三种，即业主自改、合作开发和第三方改造，还有少量项目采取政府主导方式推进（表4-1）。

1）合作开发模式

深圳绝大多数的改造项目通过市场行为主体之间的自发组合与配置来推动实施。其具体操作形式一般是市场主体对某一改造项目产生兴趣，继而与原权利人（或村集体股份合作公司）达成合作意向和利益分割办法，再由双方共同申报改造计划和实施改造。市场组合式的自发改造项目一般为建筑物残值已经较低，但区位尚可、具有改造价值（市场动力较强）的项目。在此类项目中，政府充当辅助角色，不介入具体更新环节，仅

表 4-1　深圳更新模式比较

更新模式	适用范围	融资与利益分配	开发主体确定
合作开发模式	目前最为主流的改造模式，广泛应用于各类项目	一般情况为村集体 / 业主出地、开发商出钱，项目完成后按照所协商的利益分割方式进行收益分配。目前深圳的合作开发模式探索趋于多元化	根据《深圳市城中村（旧村）改造暂行规定》文，应由村集体股份合作公司确定开发主体，国土部门以协议地价办理土地使用权转让手续。但从 2014 年开始，所有旧改用地全部由各区政府列出条件进行招拍挂确定，与土地使用权出让程序合二为一，这是目前争议最大的环节
业主自改模式	采用此模式者较少，主要为村集体经济实力较强，或项目经济价值过低，缺乏市场主体介入的项目采用	村集体自行筹资与拆建。部分区对村自改项目予以扶持，允许其申请城中村（旧村）改造扶持资金。项目完成后原村民就地分配住房，其他收益由村民共享	村集体股份合作公司既是业权人也是开发主体
第三方改造模式	采用此模式者极少，一般为历史遗留项目	由建设方完全出资建设，同时其也享受全部开发利润	由各区政府列出条件进行招拍挂确定开发主体
政府改造模式	此模式仅限于特定类型的旧居住区	一般由政府成立的公益性人才住房专营机构出资建设。原住户可以自行选择货币补偿、产权调换补偿，但产权调换标准统一，不会出现天价赔偿。除安置住房外，其他住房全部用于人才住房及保障性住房	由区住房建设部门直接委托公益性人才住房专营机构实施，或者通过公开招标选择市场主体

仅在项目立项和规划决策等环节予以统筹把关。原业权人和其认可的合作开发主体通过自行协议来推动拆迁、再开发，并进行改造后的利益分成。

合作开发的最大益处在于，业主与开发商在自由经济市场环境下，以双方自愿为基础进行改造核心资源的组合配置——开发权与资金。业主提供自有可改造的土地，而开发商则提供资金和开发经验，有利于筹集改造资金以推动改造。合作开发是市场自发改造的常见模式，项目立项后，拆迁和实施推动相对容易，但也存在以下问题：

一是城中村改造矛盾内部化问题。在城中村改造中，原村集体或村集体股东大会是确立改造是否得以进行的关键代表，开发商与主要股东达成协议后即可推动改造。部分项目中原住民改造意愿并不强烈，成为被动改造对象。开发商往往与村集体股东代表形成“利益联合体”，损伤原住民利益，引发投诉和拆赔纠纷等问题，甚至引发社会冲突。

二是居住区改造统筹困难。居住区改造存在业主数量多、意愿分散而缺乏群体性合法代表主体的问题，如开发商希望建立合作开发关系，必须与绝大多数原业主一对一建立合作协议，从而大大提升了前期立项成本与风险；个别小区中还出现多个开发商竞相“入驻”谈合作等问题。

三是相对于业主自改模式，合作开发的成本较大。在合作开发主体获得与业主自改同等利润率的前提下，同一改造项目需要满足的基本容积率水平存在明显差异。合作开发由于涉及对原业主的市场拆赔，而开发企业又要获得合理利润，改造成本增大，改造难度增加。

四是空间规划统筹较难实现。在一些可改可不改，或者改造要求不迫切的区域，开发商为了获得成熟地区的再开发权可能盲目进入，从而使城市固定资产投资不能合理配置至最需要的地区，导致政府规划统筹失效。

2）业主自改模式

尽管大部分业主通过联合市场开发主体来筹措资金进行更新改造，但部分自身资金实力较强且拥有改造开发经验和实力的业主则可依靠自身进行改造。从已实施的项目情况来看，采取业主自改模式的多为城中村，一般都是具有较强经济实力和组织协调能力的集体股份合作公司。以田厦新村（2.9 hm^2）为例，其地处南头中心地段，是南山首个开工的重建项目。田厦新村是由村股份合作公司牵头自行改造的突出典范，在更新过程中，股份合作公司占据主动地位，完全扮演了开发商角色。村股份合作公司下设有开发公司，并通过自有的厂房等物业实现融资；而村民则以宅基地入股并参与项目利润分配的方式参与改造。然而，集体股份合作公司自改的模式仍会受到改造资金的较大约束，因此，往往需要一些必要的客观条件，比如优越的区位、政府的介入、银行的借贷、股份公司的精明操作、一个可预期的市场等。随着深圳城市更新的深入推进，业权单一的旧工业区也多采取业主自改模式。

业主自改模式由于改造的实施主体与利益影响主体高度统一，在拆迁环节不存在与合作方的利益博弈，较容易达成拆赔协议，拆赔成本较低，并能较好地保障原住民和业主利益，实施效率较高。然而，业主自改模式也可能存在以下的问题：缺乏资金支持和专业开发能力的业主或村股份合作公司可能在利益驱动下盲目推进自改；改造资金和改造质量不易得到充分保证；在村集体自改过程中，村集体股份合作公司董事或相关群体成为主要决策人，容易因为董事更替发生改造意愿的变化，且不能完全代表村民改造的意愿，在股权人数多的城中村中想达成利益平衡仍较为困难，并可能转化为村民内部矛盾。

3）第三方改造模式

第三方改造类项目主要是重点发展区域内的重大改造项目，改造的社会经济意义及商业价值均较高。此类项目均以政府指定的方式确认改造主体和改造计划，充分体现了政府对某些重点区域再发展的政治目标。其流程一般是政府对重点项目进行改造立项和规划，并由政府选择与确定合作开发主体，促成原村集体或原业主与开发主体达成合作改造协议。开发主体、原村集体或原业主及改造项目实施的具体管理部门需要共同达成改造拆迁协议并确定详细方案，协议达成后由开发主体实施拆迁与开发建设，政府可能投资建设主要的配套公共设施，也可能完全由开发主体投资建设主要的配套公共设施。位于深圳市南山区的大冲村改造就属于此类模式。早在2000年前后，深圳市就将大冲村纳入旧改试点项目，但由于拆迁补偿无法达到村民预期，项目一直未能推进，直到2008年南山区政府引入实力雄厚的华润集团进驻，才推动了项目正式实施，这成为深圳首批入市的更新项目之一，有效提升了城市形象，提高了对科技园片区的配套能力。

然而，由于片区改造计划确立之初缺乏原业主的认可，原住民和租户的改造意愿不强烈，为后续的改造实施埋下隐患，主要问题包括：集体物业移交进展缓慢，抢建、加建、改建现象时有发生，天价拆赔推升改造成本等。在该模式中，政府选择的第三方改造在很大程度上存在忽略原住民改造意愿的问题，而且政府不直接参与、不投资，但却拥有对“开发主体”的选择权，导致政企“协作”产生寻租空间，容易出现“官商勾结”的问题，因此多被诟病为“政府搭台、企业唱戏”。

4）政府改造模式

2016年以来，在国家棚户区改造政策支持下，深圳针对老旧住宅区提出了由政府主导的更新模式。与一般的市场更新项目不同，该模式以公共利益为导向，采取政府主导对满足一定条件的老旧住宅区进行改造，改造标准透明统一，产权调换按照套内建筑面积1：1或者建筑面积不超过1：1.2的比例执行，除搬迁安置住房以外，其他的住宅部分全部用作人才住房和保障性住房。该类模式的改造主体由各区住房建设部门确认，相较于其他的更新项目在主体选择上更为严格，即各区政府直接委托公益性质的人才住房专营机构实施，也允许其他企业通过招标等方式参与，但要接受政府全过程的指导和监督。

4.3 城市更新模式的机制与问题

4.3.1 利益主体的得失分析

1）政府

在深圳的城市更新中，除棚户区改造和综合整治项目外，政府一般不直接参与或注资更新项目，仅仅充当规划引导、政策提供等支持性角色，并通过补偿性政策平衡改造项目的财务可行性，以此鼓励和吸引私人投资。目前，深圳市政府为重建项目所提供的补偿性政策均为非资金类政策，包括地价减免和容积率补偿两种方式。地价减免政策主要适用于城中村改造和工业区升级改造两种项目类型，其政策目的在于补偿项目的拆迁成本。容积率补偿的原因则在于两方面：一个是拆建比，拆迁量占新增建筑总量比例较大的项目拆迁成本趋高，一般会考虑予以容积率补偿；另一个是公共利益贡献，由于大多数的重建项目中涉及城市性市政设施和公共服务设施的配套捆绑建设，而目前各级政府财政对这些捆绑设施的建设成本没有予以补贴，为此政府也通过容积率进行补偿，也就是通过增加开发商可出售获利的商业建筑面积来进行经济平衡补偿。

在一定程度上，政府甚至将城市更新视为促进城市建设和经济发展的妙计良方，在财政不投入的基础上仍产生以下的预期收益：改善城市环境、提升人居环境、优化产业空间布局结构、获得土地出让金等。具体来说，首先，由于地价减免政策使用范围有限且仅适用于非增量部分，故而在大多数项目，特别是工改商、住项目中，地价收入仍颇丰；其次，能推动基础设施建设和环境建设，实现公益项目拆迁和建设成本转嫁；最后，能促进房地产行业的持续繁荣，并带动相关行业发展，从而增加税收。

2）市场

随着20世纪末全国商业房地产开发行业的逐步兴起，深圳的建设机会培育了一大批房地产开发企业，在全国树立了大量的房地产项目标杆，同时，深圳房地产行业的发展也对城市经济发展做出了较大贡献。

然而，自2003年以来，由于深圳新增建设用地几近枯竭，商品房用地供应持续紧张，因而导致商品房开发建设规模持续下降。与此同时，深圳城市人口规模持续增加，住房刚需持续高企，而大量城中村的私房却无法进入市场流转，由此深圳商品房价格不断攀升。尽管面临拆迁补偿成本、风险高企等问题，但在房地产市场需求高度旺盛与可开发用地获取困难的双重因素影响下，房地产开发商获取城市中心地段的土地开发权和获得更大利润的希望，成为它们参与城市更新的巨大动力。在实施更新项目中，开发商为了追逐利润最大化，想方设法采取各种方式降低成本、增加产出，对更新项目“挑肥拣瘦”，甚至出现过度伤害原住民利益以增加自身开发利润的现象。开发商的逐利行为往往与原住民的利益保障和城市规划的控制落实要求呈现对立关系。此外，房地产市场波动对市场主体参与城市更新的积极性具有很大影响。在房地产蓬勃发展时期，市场需求强烈，利润空间大，市场主体参与更新项目的动力大；在房地产萧条时期，市场主体推动更新项目发展风险较大，动力不足。随着城市更新进展到一定程度，在城市容积率和建筑残值用尽、再开发成本不断攀升的情况下，市场主体参与积极性将进一步降低（表4-2）。

表 4-2　深圳城市重建过程中的相关主体角色特征

项目	政府	市场	业主	公众
角色	决策者和政策干预者	推动与实施者	主动或被动的参与者	积极或消极的被影响者
参与方式	规划制定与政策干预	拆迁与再开发	提供居住权	—
代价	有限的地价减免； 容积率补偿	拆迁成本； 再开发成本； 开发周期不可预期造成的融资风险	临时或永久付出原所在地的使用权（居住权或商业经营权）； 可能产生社会冲突风险、拆迁协调风险	受到周边区域拆迁除重建活动影响； 原有社区网络被破坏； 原有租户丧失生存空间； 原有区域的房价上升
获益	公益项目成本转嫁； 增加税收； 土地出让金收益； 进一步繁荣房地产市场； 促进固定资产投资，推动城市建设； 促进重点区域发展	获得土地开发权； 通过房地产开发获利	改善居住品质； 提升原有物业价值； 获取资金补偿	改善城市社会经济环境； 获得新的可购买的商品住房或获取新的就业机会

4.3.2　存在问题

深圳这个年轻城市的更新改造刚刚起步，正在运行当中。充分的市场经济环境，促使深圳城市中的更新改造模式呈现“运作方式市场化、投资主体多元化、融资方式多样化”的基本特点。不同改造项目中的不同利益方都在敏锐地洞察需求、供给，寻找资源的优化配置，并在过程中探索、尝试适应各自特点的组织、融资与利益分享模式，从而呈现出了深圳特有的“百花齐放、不拘一格”的更新特点。

“充分市场化”的改造模式推动了深圳城市更新活动进程，提高了资源配置的效率，是深圳城市更新模式的重要特征，并在一定程度上促成了蓬勃多赢、利益共享（Profit-sharing Regime）之局面：房地产开发商参与改造获得用于开发的土地，并通过商业开发获利；城市政府依赖市场资金和力量快速推动重点区域改造，保障城市的功能重构与强化，促进城市整体发展；居住者则获得货币补偿或在无需额外花费的条件下改善居住条件。然而，城市政府作为更新过程的重要推动者和主要受益者，在项目开展过程中的“缺位”和“让位”，导致政府、市场主体间存在不对等的合作与博弈关系，进而也对深圳城市更新工作造成隐蔽但重要的影响。

1）公共利益落实困难

随着市场开发主体和部分拥有可改造资源的原业主参与改造的意愿高涨，大量拟改造区域正在以“城市更新单元”的空间载体形式被纳入允许重建的政策范畴，并由市场推进主体向规划管理部门提交改造方案，通过打补丁的方式对上一层次法定规划进行修改。然而，市场的利润最大化目标往往背离政府意图，加之目前政府可掌握的博弈手段和依据有限，如法定图则尚未实现全覆盖、对房地产市场等经济要素的影响判断手段不足等等，从而造成规划阶段市场主体与政府管理部门不断讨价还价，如改变原有的规划用地功能、调整或减少已确定的公共配套设施、不断要求提高开发容积率等等。这些冲突大大降低了城市更新工作的推进效率，更影响了改造过程中城市公共利益的实现。

2）自上而下规划指导落实困难

决策过程中的政府主导与实施过程中的市场主导，致使“自上而下”的规划引导意图与“自下而上”的实施手段难以协调。房地产市场主导的更新模式普遍存在“小规模”零散开发、空间分散、地处边缘、规划协调困难等问题，与城市经济发展目标难以建立有效联系。而政府单方面推进的重点区域改造规划则一般涉及范围较大、定位较高、配套设施落实较好，但由于缺乏更多可行的市场资源调动手段，往往难以被业主和开发主体所认同，规划出台后只能被束之高阁。此外，经济特区内改造项目被热捧追逐的同时，经济特区外部分亟须改造但市场价值不高、经济可行性较低的旧改项目，由于缺乏政府资金注入而成为“烫手山芋”。据统计，截至2015年年底，全市已纳入全面改造计划的项目共计509项，已签用地合同项目仅有174个，大量的项目仍然在缓慢的推动之中。

3）市场主导规划还是规划主导市场

重建项目相较一般的房地产开发要付出额外的拆迁补偿成本，加之政府在重建项目中捆绑的公益设施用地较高（平均水平达到20%，有的项目中甚至达到40%—50%），容积率补偿成为实际操作中政府提供的重要补偿手段。为了更快推动更新项目和促进实施，已批准更新项目的容积率水平已大大超出了原有法定规划确定的限制水平，且呈现出越来越高的趋势，有的甚至临近或超出城市可承受的极限。改造专项规划全方位突破上层次规划的密度、强度，不免令人质疑，到底是政府主导规划还是市场主导规划？以容积率补偿作为政府“出资方式”的问题在于，当下的容积率退让实质是以未来城市发展的整体风险为代价。国内外城市的经验均证明，单纯运用容积率的补偿方式是危险且不可持续的政策干预手段，“容积率用尽”是我国香港地区上一轮重建工作检讨中阐述的主要问题，且因重建而造成的城市再拥挤、景观破坏、铅笔楼等后果更是比比皆是。

4）社会公平问题悄然探头

改造过程中市场经济目标凸显的同时，改造空间所承载的社会、城市发展目标被忽略，具体体现为居民改造意愿被忽视、租户空间的丧失、社区网络的破坏、混合功能空间的消失、城市文化的割裂、合理居住密度的丧失等等问题。大冲村改造中悄然抬头的社会冲突、蔡屋围和岗厦村改造中的天价赔偿等现象，都是对现有改造机制下社会不公问题的警醒。此外，拆迁成本和风险完全转嫁市场，是否可能成为推高房价的直接因素也日渐成为争论焦点。政府价值取向应平衡开发商和原住居民、租户之间的利益关系。然而，随着市场的日益发展，政府往往陷入两难困境，既要鼓励开发商参与更新项目，保证其合理的利益收入、节约其动迁成本，又要保障原住居民获得应有的补偿和推进更新进度。地方政府对于发展的急切心理，很容易导致公共产品和私人物品之间的界限混淆，政府职能和企业职能的界限混淆。政府过分依赖市场资金实施城市更新改造项目，使其政策和机制一直处于“向商”状态。房地产业的迅猛发展令政府官员在城市更新项目中寻租的可能性大大增加。如何促进社会和谐发展，在市场和社会博弈之间维护社会公平公正、保护弱势群体和代表最广大民众的利益，是城市政府在城市更新价值观取向中所面临的重要问题。

4.4 城市更新中角色关系的再定义

在城市更新带来巨大利益的同时，面对旺盛的市场改造诉求，如何平衡各方利益？在利益的平衡下，城市更新工作如何开展推进？深圳的问题也许是全国最复杂的，很难总结出一个固定的模式来，灵活多变、适应市场变化，是深圳更新模式最好的诠释。

从整体层面而言，深圳现阶段的城市更新本身不是对“物质性老化”的空间实体进行更新改造，而是对“非老化”的空间实体进行功能性和结构性的更新。在现有阶段下，快速脱离现有的“市场推动”模式，或一蹴而就地走向西方国家“伙伴合作”的理想模式并不现实。但必须扭转的观点是，城市更新是一个必须付出代价的过程，基于利益共享的美好设想偏离现实，并且不可持续。城市政府作为改造过程中的重要行为主体，应完善对城市更新工作的整体认知，通过不断强化其干涉、引导作用，推动城市更新工作健康、有序、稳步推进，促进社会和谐与可持续发展。

目前深圳的更新改造项目来自市场申报、法定图则划定、市区政府自行拟定等不同渠道的需求规模较大，且改造目标不一、划定和配置标准不一，政府全面参与改造实施具有较高的政治和财政风险。在国外，法国政府通过有选择和有区别地参与不同类型的更新项目，在政府资源相对有限的前提下进行空间分配。我国台湾地区将城市更新区域分为政府自行划定更新区和市民自行划定重建区两种。在政府资源相对有限的前提下，完善改造区域的选择原则和导向，构建适应深圳发展要求的城市更新空间资源整合制度和差异化的项目实施思路显得尤为重要和迫切。一方面，政府应在改造区域的选择和划定上发挥更为重要的引导和统筹职能，令市场需求与政府意愿在自上而下和自下而上两个方向上进行协调。另一方面，对于重点发展区域内的重大更新项目，政府应对项目的规划编制、实施（合作）主体确认、协议拆迁以及分期建设监管等各环节给予更多调控，或直接作为投资人参与重建，确保重建过程及结果与城市管理目标协调一致；对于投资价值低而公共意义较高的更新项目，政府应承担起更新的重任，结合土地整备手段组织拆迁和用地征收，实施区域再开发；对于一般性的更新项目，政府仅需从宏观层面进行项目筛选、协调和监督，在必要情况下给予资金或政策支持。

5 社区转型与城市更新

5.1 城中村改造与社会结构变迁

广义城市更新包括物质性和非物质性两个方面，以往更新改造对非物质性层面关注不够。“十八大”以来，关注民生、以人为本、注重社会转型发展越来越受到各级政府的重视。在城市进入深化改革的新形势下，城市更新工作也将由过去注重空间更新向社会、文化、经济和组织管理等非物质、多元化方向转变。

5.1.1 城中村的社会功能

1994 年为加快深圳城镇化建设，深圳市政府颁布了《深圳经济特区股份合作公司条例》，将原农村集体经济组织改造为“股份合作公司”，股份合作公司作为原农村集体经济组织的继受单位，可以享受原集体土地及土地附着物产生的各类租金收益。深圳目前有约 391 km^2 的土地掌握在股份合作公司及其股民手里，涉及 336 个行政村、1 044 个自然村，约占深圳城市建设用地总规模的 40%。相对于普通住宅，城中村租金低廉、配套服务成本也较低，成为城市低收入群和大专毕业生落脚的场所，容纳了全市 64% 的实有人口，客观上承担了一定程度上的住宅保障职能。

除保障低收入人群的居住外，深圳城中村还是城市历史文脉传承的重要载体。全市历史文化空间总用地面积约为 11.4 km^2，位于城中村内的历史文化空间用地面积约为 9.8 km^2，约占全市的 86%。深圳市公布的第一批 42 处历史建筑中有 34 处位于城中村。城中村内传承了大量具有深圳特色的非物质文化遗存。在深圳市第一批和第二批共 36 项市级以上非物质文化遗产项目中，大部分发源于城中村，由原住民传承，主要包含宗祠文化、客家文化和移民文化等。城中村记录了深圳由渔村到现代都市的发展脉络，是深圳历史文化空间的载体，保存了历史记忆。城中村内非物质文化遗产也形成了深圳特有的文化与活力。

虽然城中村对深圳的社会发展起到了重要的积极意义，但城中村的社会发展也存在一些共性的问题：一是人口密度高，社会管理压力大。城中村建筑密度高、户型小、群居比例高，造成人口高度集聚。2017 年城中村内平均人口密度约为 4 万人 / km^2，是城中村外的 3 倍。超高人口密度带来大量的服务需求，部分管理松散的城中村充斥着黑中介、黑网吧、黑旅馆等地下经济形态，给城市管理、社会治安带来了巨大压力。二是公共服务及社会服务缺位。虽然城中村内人口规模大，但由于缺乏规划引导，学校、医疗、养老等公共服务设施缺乏，其中人均学校用地规模仅为城中村外的 1/6，人均医疗和养老设施用地规模仅为城中村外的 1/7，“上学难、看病难、养老难”的现象尤为突出。

5.1.2 城中村综合整治与社会结构变迁

综合整治通过改善消防设施、基础设施和公共服务设施、沿街立面、环境整治和既有建筑节能改造等内容，提升城中村的整体城市品质与城市管理水平，是实现渐进式有机更新的一个重要手段。城中村综合整治主要包括公共设施建设完善的物质性更新与社区文化建设的非物质性更新两方面。

1）改造主体关系分析

（1）基于公共设施完善的综合整治

公共设施一般包括社区文化广场、活动中心、运动场、图书室、社区公园等设施，是改善社区居住质量、丰富社区业余生活的重要载体。通过综合整治完善公共设施体系，一方面能改善城中村的居住环境，凝聚人气，提升居住、商业氛围，增加相关利益者的收益，实现城中村经济良性循环；另一方面能给社区居民和市民提供休闲、娱乐、交流的场所。社区居民之间、社区居民与外来者之间通过活动参与、文化交流等途径消除隔阂、增进理解、建立友谊，促进原来的以乡土、熟人为基础的较为同质的乡村文明与以工作、朋友为基础的高度多样性的城市文明的融合，并形成独特的城中村文化。

公共设施建设与完善的活动中主要涉及政府和集体股份合作公司两方面的利益主体。政府由于自身资金有限，并考虑到公共设施投资的外部性收益难以收回，倾向于采取与集体股份合作公司联合出资共建设施的方式。集体股份合作公司希望通过更新改善城中村环境，实现物业收益的上涨，并认为城市化后城中村理论上被纳入城市统一管理的轨道，公建配套应由政府承担。双方利益博弈的结果是政府主要承担指导项目建设、提供部分资金这两种角色，即通过审批项目规划、改造计划等对项目建设进行指导，通过深圳市城中村（旧村）改造扶持基金等的审批、发放、监督为改造提供资金支持；集体股份合作公司参与更新规划的制定，为公共设施的建设争取更多的资金支持，并具体实施城中村改造项目。其中，利益博弈的焦点在于谁为公共设施的外部性买单。在这一模式中，买单者是集体股份合作公司，其投资将由上涨的物业租金予以补偿，但在获得补偿的同时集体股份合作公司不得不承担相应的社会管理职能（图 5-1）。

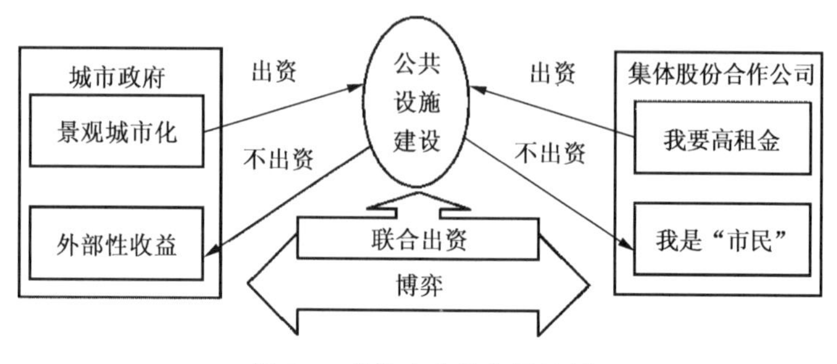

图 5-1　改造主体的作用机制

（2）基于社区文化建设的综合整治

文化建设是一个长期的过程，是一个伴随经济发展、城市建设、社会变迁的过程。随着城中村改造的深入以及城中村文化设施的日益完善，城中村内群众性文化娱乐活动得到蓬勃发展，不仅有丰富多彩的文娱表演，还通过电影、电视剧、歌曲、新闻通讯、刊物、墙报等多种形式宣传、报道、介绍城中村社区的发展历史与建设经验。通过宣传与介绍各种各样的文化活动来提高居民精神文化水平与社区凝聚力。因此，社区文化建设是实现城中村社会结构变迁的重要途径，也是一项综合性的有机更新工程，相对于单纯的物质空间环境改善，社会文化更新对城中村发展具有更重要的意义与作用。

在社区文化更新的改造主体中，政府由于财力与精力有限，主要侧重于对城中村物质空间改造方面的工作，对于基层文化建设、文化活动组织等方面的参与较少，也很少给予资金上的支持，从这种意义上讲，在城中村文化建设过程中政府是缺位的。相比之下，集体股份合作公司扮演着组织者、管理者、出资者的多重身份，组建各种文化团体，举办丰富多彩的文化活动，制定政策促进教育事业发展，推动城中村的文化繁荣与发展（图 5-2）。例如，南岭村集体股份合作公司在社区文化建设中十分注重制度的建设与组织的健全，通过制度建设实现活动的规范化、常态化，实现资金运作的高效化与透明化，并形成良好的学习风气与氛围，形成崇尚道德、富而思进的城市精神；通过健全组织，强化不同群体之间的联系，使外来者在参加活动的过程中获取精神食粮，感受到社区大家庭的温暖。

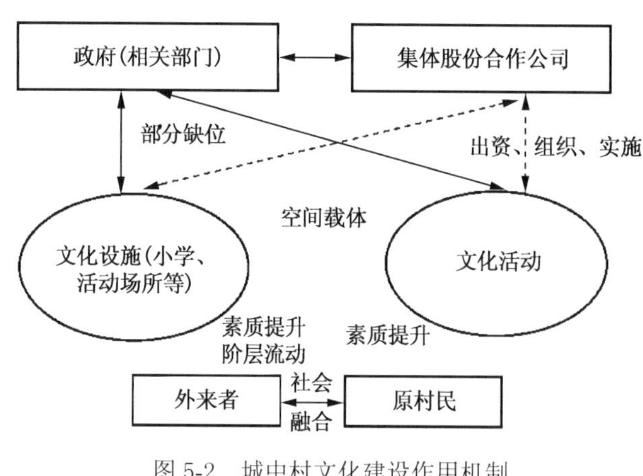

图 5-2　城中村文化建设作用机制

2）对社会结构的影响

（1）对人口结构与社区网络重构的影响

城中村改造后，社区的居住环境明显改善，一方面吸引了周边产业区素质相对较高的人群入住，产生正面聚集效应；另一方面城中村改造后房屋租金的上涨在一定程度上对文化程度较低的低收入人群产生排挤作用，从而转变为改造后以企事业单位的蓝领、白领及个体从业者为主的城中村居住群体。

改造前，原村民与外来租客之间的关系往往仅是出租与租用的生意关系，很少有情感的交流与联系，甚至有些原村民对于外来者持有一种鄙视的、躲避的心态。原村民封闭的、以自我为中心的小农意识使其不愿意与外来群体进行交流。素质较低的租客被认为是导致社区治安差的主要原因，加上城中村本身没有提供交流沟通的途径，两个群体存在着很深的文化隔阂。经过公共设施完善与社区文化建设的有机更新后，原村民的文化素质得以提高，并在城市发展中不断向开放、包容的心态转变，而租客人口结构的变化以及素质的提升也在一定程度上改变了原村民对外来人口的看法。原村民与外来租客甚至其他市民，以公共设施为空间载体，通过各项文化活动进行多层面的沟通与交流，逐渐形成以业缘关系为主的新型社会网络。

（2）对集体股份合作公司与基层管理组织的影响

以综合整治为主要手段的有机更新并没有对社区管理组织结构与分工造成实质性的影响，集体股份合作公司并有没有实现政企分离。其除了承担社区经济发展职能外，还承担了大量本应由政府承担的社会管理职能，不仅需要在社区公共设施和文化建设方面进行资金投入，而且需要承担设施建成后大量的维护工作，以及社区文化活动的运作与管理。例如，南岭村改造后集体股份合作公司每年要负担 200 万元的社区治安与消防维护、社区活动广场与图书馆管理、社区文化活动组织与资金投入等方面的费用。此外，集体股份合作公司需要补贴社区居委会的部分工资和社区工作站的办公经费、活动经费及员工的部分工资，社会经济负担十分沉重。集体股份合作公司不能通过综合整治从繁多的社会事务中脱离出来成为一个独立的现代企业组织。

相比之下，社区工作站主要负责计生、出租屋管理、外来人口以及其他由区政府确定的要进入社区的工作事项，相当于公务员的角色。其职工工资部分来源于政府、部分来源于集体股份合作公司，并且与集体股份合作公司存在交叉任职的现象，不利于开展工作。应将集体股份合作公司与基层社会管理的功能分离。社区居委会是社区居民的自治性组织，在将主要行政性职能划归由社区工作站管理之后，其在基层管理中的地位明显削弱，主要从事协助、引导等指导性工作，并没有发挥其应有的实现居民自治的作用。

5.1.3 城中村拆除重建与社会结构变迁

1）改造主体关系分析

拆除重建是将城中村原有的建筑全部拆除，重新整理土地，重新规划建设的一种改造模式。由于它具有经济效益较高、改造彻底、效果显著等特点，因此成为许多城市推进城市更新的重要方式。从运作机制来看，其可分为政府主导型和市场主导型。

（1）政府主导型

政府在其主导的拆除重建项目中主要承担以下职责：从城市整体利益出发，制订规划设计条件；直接与村集体和村民协商拆迁补偿条件，对每一户村民做思想工作，解决整个开发过程中所发生的问题和矛盾；选择信誉好、实力强的开发商，并对整个开发过程进行监控；提供优惠政策和资金支持；等等。集体股份合作公司所起到的主要作用是代表村民与政府谈判，签订改造协议；协助政府落实拆迁补偿政策；合理分配改造带来的收益。在实际运作中，政府往往会选择某个开发商进行更新项目的具体运营与管理，开发商的市场行为带有明显的政府意图，可以将其认为是政府进行城市更新的代言人。集体股份合作公司作为全体村民的利益代表，把维护村民与集体利益放在首位，其既有改造生活环境和居住条件的愿望，又希望保持目前城中村房屋出租所能获得的稳定收益。因此，只有当预期改造收益远超过改造前收益时，集体股份合作公司才会积极参与城市更新（图 5-3）。

（2）市场主导型

在市场主导的拆除重建中，政府主要按城市规划对项目的改造方向进行合理引导，履行行政审批和改造实施的监督管理等职责，保证更新中城市公共利益的落实，项目方案设计与拆迁谈判等工作主要由市场进行。经济实力较强的集体股份合作公司，多采取自行改造，承担独立实施改造的开发商角色，主要工作包括以贷款、集资等手段筹集改造经费，聘请专业的规划设计部门进行方案设计、申报规划设计条件及申请相关的优惠政策，并逐户商讨拆迁补偿方案，实施房屋拆迁与更新改造。经济实力较弱的集体股份合作公司，在征得全体村民同意的基础上，多采取与开发商进行联合改造，集体股份合作公司代表全村利益与开发商就拆迁补偿安置、改造后收益分配等问题进行谈判，协调更新改造中村民与开发商的关系，而具体的改造实施与开发由开发商负责（图 5-4）。

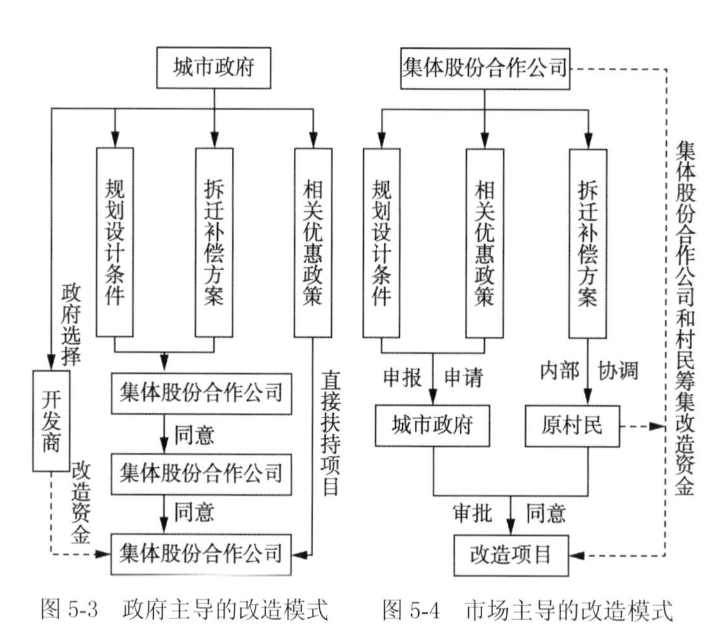

图 5-3　政府主导的改造模式　　图 5-4　市场主导的改造模式

2) 对社会结构的影响

（1）对人口结构与社会文化的影响

城中村改造后一部分物业作为原村民的回迁用房，其余大部分物业作为集体物业进行出租，由于整体环境的提升，物业租金大幅上涨，直接促使改造前低收人群被承租能力较强、追求较好居住品质的都市白领、商人和公务员等人群取代。此外，为保障城市更新中城市公共利益的落实，改造为商住类的拆除重建项目需配建一定比例的保障性住房，以容纳部分低收入人群。对于改造为商业办公的物业，迁入更多的为企业及其员工，逐步形成以商贸交往为主的社会网络体系。拆除重建为改变或弱化目前城中村普遍存在的三元文化（现代都市文化、外来文化与本地农村文化）和三类群体（城市居民、外来租客和原村民）提供了契机，为形成相互融合的新型城市文明提供了条件。

然而，这种模式在彻底打破原来城中村居住物质形态和生活方式的同时，给原有具有宗族意义的象征物、相关文物以及本土民俗文化带来巨大冲击，它们大多在改造中被破坏乃至消失，即使得以幸存，在社区功能、结构与社会网络关系发生根本变化的背景下，它们不过成为一种形式上的文化空洞。在改造中思考如何使原有文物以及文化得到保护又不失去其原来意义，如何使原来的城中村文化在新社区与社会结构中移植，如何使新的社区群体建立社区认同感等问题，显得尤为重要。

（2）对集体股份合作公司与基层管理组织的影响

城中村经过拆除重建后，随着居民类型结构的变化，社区组织更具有自治性，而随着社会结构的提升，社区居民在社区自治方面的参与率大大提高，在现代城市文明的影响下，以社区居民为主体的社区管理模式逐步形成，社区居委会承担自治责任，社区工作站承担行政职责。一些原来属于城中村管理的基础设施与公共设施改造后移交给政府，统一纳入城市管理体系，客观上促使集体股份合作公司从沉重的社会管理负担中剥离出来，成为独立经济实体。以渔农村为例，2008 年完成改造后，集体股份合作公司（裕亨实业股份有限公司）彻底实现“政企分开”，完全剥离了社会管理职能，并按照现代企业制度进行经营管理，依法纳税、按章缴费。公司的主营业务是经营原村集体的物业，同时还负责收取原村民出租给福田区政府作为廉租房的 550 套小户型住宅的租金。社区的市政、治安、环境卫生等事务则交由专门的物业公司管理。

5.2 工业区升级改造与社会结构变迁

5.2.1 深圳工业区的社会功能

2016 年，深圳全市工业用地面积约为 273 km^2，占全市建设用地总面积的近 30%，5 hm^2 以上的工业区数量超过 3 000 个。这些工业区既是城市先进制造业发展的重点空间、支撑深圳经济健康稳定发展的基石，也是基层产业工人集聚的主要场所、外来人口就业的重点空间。

受二元化发展路径的影响，很多位于原经济特区外的工业区建设年代久、环境品质差、配套商业服务不完善、公共服务缺失，基层产业工人难以融入城市主流群体，安全感和归属感不足，自我价值难以实现，引发了很多社会问题。

5.2.2 工业区综合整治带来的社会服务完善

工业区综合整治手段多元，常见的包括增加绿化和环卫设施、增设连廊与电梯、增加公共空间和商业配套、改善宿舍居住条件等多种类型。工业区综合整治的改造成本低、周期短、见效快，能够有效提升园区环境及服务品质，提高工业区治安环境，为工业区内的产业工人提供更为完善的社会服务，提高产业工人的生活质量。部分区位条件较好的工业区经过综合整治被改造为文化创意产业空间，如深圳的华侨城创意文化园、南海意库等，提升了园区的产业内涵，丰富了园区的产业业态，为城市提供了独特的文化创意产业发展空间和丰富多元的文化生活体验。

5.2.3 工业区拆除重建带来的社会结构变迁

原集体股份合作公司的旧工业区大多为“三来一补”企业，人员构成主要为本地居民和外来租户两部分。随着工业区拆除重建的实施，产业由低端向高端发展，产业空间质量显著改善，就业人员的受教育水平普遍提升，科技研发人员比例提高，并带动园区周边城中村的改造，从而引发园区与周边地区人口结构发生根本性变化，促进了社会阶层的融合。

工业区拆除重建通过引导优势产业集群化发展和建立劣势产业退出机制，促进空间整合和提高用地效率，增强了公共安全工程，促进了生产性服务业发展，提升了园区管理水平，为城市产业结构转型升级提供动力。

虽然工业区拆除重建会显著提升产业空间质量，并对社会结构产生许多正向积极影响，但拆除重建类更新也会导致产业空间成本的显著提升和单纯生产制造空间的流失，因此应在具有优势区位、优势资源的地区有序推进，避免大规模拆建对城市产业造成的冲击。

5.3 集体股份合作制与社会结构变迁

5.3.1 集体股份合作制的发展历程

1）农村管理体制城镇化改革（原经济特区为 1992 年、原经济特区

外为 2003 年）

深圳市农村城市化改革首先从行政管理体制入手，包括“撤县设区”（1993 年）、“撤镇设街”和“撤村改居”等。其中，农村基层管理体制改革以分离原“村委会”所承担的社会管理职能和集体经济职能为目标，并按经济特区内外实施分阶段改制。原经济特区内的改制以 1992 年 6 月 18 日颁布的《中共深圳市委、深圳市人民政府印发关于深圳经济特区农村城市化的暂行规定的通知》为标志，原经济特区外则是按照 2003 年 10 月 29 日颁布的《深圳市人民政府关于加快宝安龙岗两区城市化进程的意见》实行城市化改制。

按照城市化改制的文件要求，撤销一个镇设立一个街道办事处，撤销一个村委会成立一个居委会。成立居委会后，原村委会集体经济组织与居委会脱钩，独立运作，改制成为社区集体股份合作公司。新成立的居委会要对原村委会和原村小组集体经济进行清产核资和资产评估，形成具有法律效力的资产评估报告和验资报告，并在此基础上，将原村委会和原村小组集体经济组织的所有财产等额折成股份组建股份合作公司。股份合作公司原则上设立集体股、个人股，并可以依法向全体股东或社会以增发新股、配股等方式募集发展资金，新增股份与原始股份同股同权。

在农村管理体制城市化改革之后，本应由街道办事处负责的社区管理费用将转变为由城市财政支付。据统计，如果全部村落的管理移交给街道办事处和居委会，仅深圳市龙岗区每年新增的财政支出就需要 24 亿元，相当于该区全年的可支配财力。然而，为维护社会的安定团结和平稳过渡，政府在有限的财力情况下，规定了“在体制转变初期，新成立的集体经济组织应对居委会给予必要的人力、物力、财力上的支持以保证居委会的建立和工作的顺利进行”，这就造成了城市化改制初期，农村基层管理组织虽然在形式上实现了“职能分解和机构分设”，但是基层组织的主要领导有很大部分的重叠，实质上是“两块牌子，一套人马”，交叉任职现象普遍。

2）居站分设（2005 年）

2005 年 2 月 22 日，《中共深圳市委办公厅、深圳市人民政府办公厅关于印发〈深圳市社区建设工作试行办法〉的通知》，该文件提出设立社区工作站，实行“居站分设”。社区工作站是政府在社区的服务平台，主要是承办政府职能部门在社区开展的治安、卫生、人口、计生、文化、法律、环境、科教、民政、就业、维稳综治和离退休人员管理等工作，基本上是原来居委会所承担的行政职能范围内的工作，由政府聘请工作人员、提供经费和工作条件。“居站分设”以后的居委会主要是对社区事务和社区管理行使议事权和监督权，依法展开居民自治，其委员由社区居民民主选举产生。多年以来，作为群众性自治组织的居委会要承担许多政府行政职能。社区工作站的成立是为了理顺居委会和政府的关系，使居委会更好地开展居民自治；同时，也是为了加强党和政府在基层的工作力量，实现政府管理重心的下移。但是，由于工作站的工作是原来居委会所承担的，为了交接顺利，很多工作站的工作人员都是由原居委会划转过去的，这样又再次造成了“居站”人员重叠。

3）未来：朝政企分离与议行分离发展

由于各区的发展阶段不同，各城中村基层组织的职能分工情况不尽相同，但目前大部分城中村的股份合作公司还处于“居站分设”以后的政企不分的状态。未来，随着城中村原村民的城市化推进、政府财政的充裕、政府对基层组织投入的加大，社区工作站和居委会不再需要依附股份合作公司来管理，将实现与股份合作公司的职能分离，由政企合一的管理体制转变为政企分离。然后，居委会的行政职能渐渐从社区工作站中剥离，成为真正意义上的群众性自治组织，是社区的意识机构，保护居民的权益，最后实现“议行分离”，各个基层组织各司其职。

5.3.2 集体股份合作制的作用机制

在属地管理与利益最大化原则下，深圳市农村集体股份合作制主要通过土地产权、经济利益和社会管理发挥作用，进而促使社会结构发生改变。

1）以土地产权为纽带

股份合作制的改革以集体土地作为主线，围绕土地这个关键点，通过对集体土地产权的重新界定，划分集体、村民等各主体的土地利益边界，引发了股份合作公司治理结构的变化，最终导致农村社区社会结构的属地性分化。就目前而言，属地差别是先赋条件的差异，凭着原住居民的身份拥有不同数量的土地和股权的原住民形成了相对独立的属地利益范围，使得利益分化不断往纵深化发展，社会结构日益复杂，结构变化越来越快。

2）以经济利益为驱动

股份合作制的改革方向是市场化，即趋向于以经济利益作为农村社区发展的主导因素。由于农村社区是一个封闭的系统，其经济利益也是封闭的。在股份合作制改革后，一方面，股份合作公司在集体资产以配股的形式重新分配的条件下，不得不尽力为居民服务，以保住自己的既得利益（董事会的投票选举制，使股民投票权的重要性凸现）；另一方面，股份合作公司积极改善社区的软、硬件环境，优化农村社区的区位结构，提高农村社区的区位价值（租金作为农村社区居民的主要收入来源，区位价值的提升能直接提高居民的生活水平），使封闭的农村社区经济体利益最大化，并最终加剧农村社区社会结构的阶层性分化，使社会成员的阶层化不断向纵深发展。

3）以社会管理为手段

股份合作制的改革，使多样化的现代化管理模式得以进入农村社区。

股份合作公司通过物业管理等手段，在维护社区的正常管理秩序、提高社区运作效率的同时，又解决了部分社区居民的就业问题，营造了有利于形成和谐、稳定、团结的社会结构。多样化的社会管理手段之所以能够顺利实施，与农村社区拥有共同的文化基础是分不开的。因为有共同的文化背景作为基础，能有效减少农村社区的居民在接受新型文化结构重组过程中所遇到的阻碍。出于共有的文化认同，股份合作制改革强化了股份合作公司对构建村社文化共同体的主导性，并从机制上强有力地推进了社区文化建设，包括兴建图书馆、建造社区广场等，提高了社区居民的素质，加快了原村民与外来人口的融合。

5.3.3 集体股份合作公司的治理模式

集体股份合作公司作为城中村的重要组织，随着城市发展和城中村改造进程的推进，治理模式会在不同的阶段呈现不同的变化，主要可以分为政企一体型和政企分离型。

1）政企一体型

经过两次农村城市化管理体制改革后，深圳的城中村目前已形成“社区党委、社区工作站、社区居委会、股份合作公司”四位一体的组织架构。但由于历史原因，目前多数城中村在职能上仍难以与基层政府组织和自治组织彻底分离。很多股份合作公司仍要给社区公共事务的管理提供一定的经济支持，并执行街道下达的各项社会管理任务，四套班子的成员也是以原村委会人员为主。这种政企不分的情况既弱化了股份合作公司作为市场主体的地位，也造成其他社区组织缺乏独立性，如居委会与社区工作站人员交叉，需要承担繁重的行政工作，难以有效履行其开展自治、管理社区和服务居民的基本职责，从而导致基层治理能力薄弱。

政企不分的根源在于土地及相关公共设施物业的产权关系不清晰。大量的违法建设使股份合作公司及其股民“内部化”了本应由政府收益且用于城市建设和基层管理投入的土地出让金，使政府与股份合作公司之间的权职关系难以划清，并产生基层组织人员交叉重叠、政府基层工作依赖股份合作公司、股份合作公司借政府名义实施基层管理等政企不分的问题。

（1）基本特征

第一，投资城中村市政设施，保障流动人口生活和经营活动正常进行，减轻公共财政的压力。股份合作公司从事经济活动所获取的收入，一部分用于股东年终分红；另一部分主要用于提供公司所在社区内的公共物品和公共事务的费用，如承担本应由政府提供的社区工作站办公经费、办公场所，承担社区内的道路、水电、排污、消防等基础设施的建设费用等。原来由各股份合作公司投资兴建和维护的市政设施移交政府管理时，股份合作公司普遍面临两个问题：一是市政设施移交后，政府没有给予合理补偿;二是由于辖区内人口增加,水电等市政设施需要扩容,但其投入仍然由股份合作公司负责。

第二，参与社区管理，维护生活及商业活动秩序。股份合作公司在人力、物力和财力各方面支持城中村社区工作站开展工作，但社区工作站的干部和股份合作公司的经营管理人员交叉任职的情况普遍存在，除区政府下拨的开办费和人头费以外，社区工作站部分费用仍由所在股份合作公司承担。部分股份合作公司甚至要为社区工作站无偿提供办公场所，同时还履行了很大一部分原应该由政府来履行的诸如维护城市日常生活和商业活动秩序等社会管理职能。

第三，承担辖区内原村民的社会事务。目前的股份合作公司还是一个保障性、福利性的经济组织，对于原村民生活中方方面面的问题，样样都要管起来。实际上，股份合作公司不仅要向所在社区的工作站提供其履行社会职能的经费，为政府分忧解难，而且由于原村民都是股份合作公司的股东，他们更依赖于股份合作公司，因此长期以来原村民的各种社会事务不是去找工作站（原居委会）解决，而是找股份合作公司来处理，甚至家庭矛盾的解决也都更多地依赖股份合作公司。

第四，提供低价的廉租物业。城中村在城市化以来，一直承载着城市廉租房与流动人口聚居区的功能。可以看到，在涌入城市的数以百万计的外来人口中，大部分是素质不高、低收入的劳动力，而政府不可能为数量如此庞大的外来人口建造廉租房，此时价格低廉、手续方便、管理疏松的“城中村”出租房自然成了他们居留城市的最佳选择。城中村承担了政府廉租房的功能。股份合作公司通过向广大的低收入流动人口提供城市居住和生存环境，在城市化进程中起了助推的作用。它降低了农村人口流向城市的进入门槛，是一个低成本进入城市的切入点，为城市的发展提供了强大的支持。除提供廉价住房之外，集体股份合作公司还提供了大量的工业厂房，为深圳早期城市化和工业化的快速发展提供了空间载体。

（2）对社会结构的影响

一是重构了社会网络。政企一体的集体股份合作公司其实是集体土地资本化的产物，以集体土地为资本，实现资源利益最大化。随着城市的发展和股份合作公司管理者的思想进步，很多股份合作公司对外来人口的管理方式由原来的防范式逐渐向服务式转变。因为股份合作公司主要的收入来源（物业出租）就是外来人口，只有服务好他们，能够留住他们，才能保障利益的长久发展和最大化。同时，作为社区的管理者，股份合作公司通过相对更多样的管理方式去构建和谐的社区，能让社区的管理工作更顺利地开展，同时也为股份合作公司的后续发展提供一个良好的社区环境。集体股份合作公司为了提升物业租金，促进集体经济发展，产生了改善社区环境的积极性。与此同时，政府为促进城中村的改造出台了一系列资金扶持的相关政策。政企一体的集体股份合作公司通过完善社区内的配套公共设施，提供足够的社会公共空间，增强社区开放性和包容性，促进了原村民与外来居住者的融合，实现了社会网络的重构。

二是传承了历史文化。“城中村”的形成发展有其自身的历史积淀、特定的社区文化与景观风貌。这些文化资源应该合理利用，通过文化资源的对外开放，实现文化的传播和共享，提高人文涵养，让外来居住者了解更多的社区历史和文化，增进对社区的了解，进一步实现更好地融入。集体股份合作公司通常较注重本村历史文化的保护、继承、延续与合理利用，会提供适当的文化设施，着力提高居民的人文修养，为居民创造浓郁的文化氛围。由于承担着社会职能与经济职能，集体股份合作公司有相应的能力建设博物馆、图书馆等文化设施，同时，会通过组织面向全社区的各种文体组织，定期举办一些文体活动、文艺晚会，让居民更多地参与社区活动，增强社区归属感，在保护本土文化的同时也促进社会融合。

三是实现了“非正规化”的社会管理。部分股份合作公司还停留在防范式（非服务式）管理的水平，外来人口的高流动性造成其社区归属感的淡漠，而防范式（非服务式）的管理更使外来人口对社区缺乏责任感和归属感，也增加了股份合作公司管理的难度。首先，由于资金不充裕、管理投入不足产生管理盲区。在集体土地的范围内，除了原村民以外，还存在占绝大比例的外来人口，股份合作公司除了承担原村民的管理费用以外，还要承担占多数的外来人口的管理费用，而且由于外来人口跟本村人口相比，比例很大，所以投入到社会管理中的费用基本上都用在管理外来人口的部分。高额的社会管理费用挤占了股份合作公司的收益，为最大化节约成本，股份合作公司不得不缩减管理的项目，从而导致管理盲区的出现。其次，股份合作公司主观上不愿承担外来人口的公共费用。股份合作公司利用集体经济的部分收入用于提供社区公共物品（如道路、自来水管网、排水管网、路灯、废弃物处理设备等），原来只是为了服务原本村村民的，由于大量外来人口的迁入，外来人口同样使用着这些公共物品，因此出现了社区公共物品的外溢性问题。股份合作公司是原村经济转换形式以后的管理实体，由于其产权所有者与原村民高度契合，且基于血缘、亲缘、宗缘、地缘等多重复杂关系，股份合作公司也愿意承担原村民的管理费用，但是对于外来人口的管理，股份合作公司认为应由政府承担，但现实是政府又未能提供相应的管理，股份合作公司不得不“被迫”接管，因此普遍持不情愿的态度。股份合作公司针对村民与外来人口不同的管理态度，容易造成股份合作公司对于外来人口的部分投入相对较少，形成对居住在社区里的绝大多数人——外来人口的管理盲点，从而影响整个社区的生活品质。

2）政企分离型

（1）基本特征

政企分离型的基本特征是实现股份合作公司、社区工作站、居委会独立运作。集体股份合作公司政企分离的实现，“最终要伴随产权的重新界定和村落社会关系网络的重组”。也就是说，要真正将“城中村”转变为城市社区，股份合作公司实现政企分离，“无形的改造胜于有形的改造”，即不仅要改变“城中村”的物质面貌，还要实现产权主体的明晰以及政企职能的明晰化。目前政企分离型集体股份合作公司通常利用城中村的重建改造，明晰产权关系，明确了股份合作公司与政府之间的责任边界，实现政企分离。通过更新改造，政府逐步地接收了“城中村”的环境卫生、社会治安、市政建设和维护等社会管理职能，同时向居民提供社会保障服务和必要的公共产品。原来由股份合作公司包揽公共物品供给的局面被打破。“城中村”的管治构架建立的社会基础不局限于本村居民群体，而是覆盖到社区的全体居民。随着政府的资金和人员的投入变得充足，原来应该属于社区工作站和居委会的工作从股份合作公司分离出来，使股份合作公司、社区工作站、居委会实现了独立运作、各尽其能——股份合作公司全力发展集体经济，社区工作站承担政府在社区的行政职能，居委会实现社区居民自治。

实现政企分离的集体股份合作公司，减少了原来投入行政和社会管理、市政设施维护的大量人力、物力、财力，能够专心发展经济，成为真正意义上的类“市场化”企业。但由于股份合作公司是特定历史阶段的产物，它必然受到当时城市化初期的生产力发展水平和原村民的思想观念、总体素质等客观条件的局限。同时股份合作公司成立时既没有配套的法规做指导，也没有现成的模式可借鉴，全靠各级政府和集体经济组织本身去摸索和创造，所以随着经济特区整体发展水平和市场经济发育程度的提高，股份合作公司在制度设计上的不规范和不完善等缺陷就逐渐显露出来。其缺陷主要表现为股权高度封闭、经济管理水平不高、法人治理结构不完善等方面。正是由于这些问题的存在导致股份合作公司难以真正融入市场。

受组织管理的制约，集体股份合作公司的发展也较局限，多数停留在集体物业的经营上。股份合作公司与村民存在密切的利益关系，其管理人员由股民选举产生，且由于都是本村人，彼此之间存在原有的血缘、宗族上的关系。这样复杂的关系交织在一起，股份合作公司就有了解决村民就业问题的责任，很多时候就是将村民吸纳到股份合作公司中，不断增设一些不必要的岗位，没有实质性工作，因而存在人浮于事的现象。

（2）对社会结构的影响

一是促使原村民“城市化”。政企分离以后，股份合作公司的工作重心转移到了发展经济上，对于社区管理方面的关注逐渐减少，基本上已经交给社区工作站、社区居委会和相关的专业公司（如物业管理公司）。股份合作公司平时很少组织社区活动，原村的一些风俗习惯也渐渐丢失，例如客家人的风俗“大盆菜”。只有通过传统习俗的延续，人才能拥有归属感。当这种延续弱化的时候，现代城市文化冲击越来越强，原村民封闭的当地宗族圈子逐渐被打破，村民从“封闭”的圈了里走出来，渐渐开始融入城市生活，原来的社会文化网络越来越淡薄，社会网络将会重新组合。但是这种民间习俗的弱化，不利于传统文化的保护和传承，渐渐造成风俗文化的丢失。

二是加速社会融合与重构。政企分离的城中村通常已经重建改造，原村民和外来居民、租客都住进了小区，基本上社区的房屋管理移交给专业的物业公司，电力由电力公司负责，自来水由自来水公司负责，社区的日常事务管理逐步实现市场化运作，交由市场去管理。市场化管理以后，所有的原村民、外来居民和租客都将成为平等的社区居民。大家都是小区的居民，支付同样的服务费，拥有同样的发言权。尤其是外来租客或者是购房者，他们由原来的暂住人员成了社区的主人，也将更加主动地融入社区生活、参与社区活动。

三是引入商品房，实现居住人群的“绅士化”。城中村与商品房的本质区别在于土地使用权。改造前城中村内的外来暂住人员主要来自内地，以小商贩、农民工、临时工等外来务工人员为主，他们普遍收入较低、文化水平和消费能力都较低。一小部分人员还因失业、缺钱等问题沦为犯罪分子，为城中村的治安带来了隐患。经过改造以后，城中村引入了商品房和市场化的管理，原城中村没有房产证的房子获得了房产证，这批商品房可以在市场上直接流通，而且通过改造以后，城中村的居住环境和基础设施得到了质的改善，跟现代城市社区无异，房价也上涨不少。由于商品房在市场上自由流通，只要能承担房价的人群就能够成为城中村的业主，而能够承担得起房价的人群一般是社会上的中高级阶层人士，虽然在城中村改造项目中会配建一定比例的保障性住房，但毕竟所占比例不高。因此，引入商品房以后，原城中村的外来务工人员由于无法承担高涨的居住成本而被迫搬到租金低廉的地方。改造以后的城中村通过物业的置换升级使居住人群也同时实现了“绅士化”。

5.4 城市更新背景下社会结构的优化与转型

5.4.1 政企分离，加速城中村股份合作公司的市场化

政企合一是目前城中村股份合作公司普遍存在的问题。有必要通过相关措施，促进财务管理上的政企分离。长期以来，在我国城乡二元制的背景下，城市的治安、卫生、医疗保障等社区职能的费用由国家支付，而农村的相关费用则必须由集体组织自身支付。因此，城中村集体经济组织承担着较多的社区职能，在城市更新过程中发挥了重要的作用，成为联系政府与村民的纽带；但随着城市更新的不断推进，它们存在的问题，如社会负担沉重、人员结构臃肿、用人制度封闭等，也越来越严重，成为制约其发展的障碍。因此，改制后的股份合作公司应尽量剥离原村

集体经济组织所承担的社会职能，让公司追求利润最大化的企业目标得以凸现，从而增强了公司的市场竞争力。城中村股份合作公司的改革要沿着现代企业制度的方向发展，充分吸收外部的人力、资金等资源，聘请专业人士经营集体资产，让社区股份合作公司真正参与市场经营。首先，要按照现代企业制度的要求，建立规范化的决策制度。市场经济是一种高风险的经济形式，决策正确与否是企业成败的关键。因此，社区股份合作公司要彻底改变政企不分的状况，真正实现政企分离，使自己真正成为自主经营、自我决策的经济主体。公司章程是规范社区股份合作公司的纲领性文件，必须保证它的严肃性与权威性，股东大会是公司的最高权力机构，董事会应由股东大会选举产生，行使经营决策权，而不能由其他机构代替。其次，要按照现代企业制度的要求，建立有效的监督制度。目前，在很多已经建立股份合作公司的社区，监事会形同虚设，无法真正起到监管和制约作用，导致股份合作公司的负责人打着合作公司的旗号在各种项目中获利。因此，在股份合作公司今后的经营中，要避免监事会的有名无实，要按照公司章程的约定，选举并建立起能够真正起到监督和约束机制的监事会。最后，要按照现代企业制度的要求，建立精简高效的组织机构。要根据社区股份合作公司的实际经营需要，明确分工、规范管理，建立科学高效的组织管理制度。

5.4.2　各司其职，理顺基层管理组织的关系

社区工作站是政府在社区的服务平台，协助、配合政府及其工作部门在社区开展工作，为社区居民提供服务。社区居委会是居民自我管理、自我教育、自我服务的基层群众性自治组织。集体股份合作公司则是专门管理原村民资产的经济组织。三者应该各司其职，分工明确。首先，明确社区工作站的职能，完善工作制度。社区工作站是政府的派出机构，应该逐渐承担起整个社区的行政事务，为社区全体居民服务，而不仅仅局限于少量的本地居民。其工作人员应该参照政府公务员的编制，其办公经费和员工福利也应该由政府承担，彻底改变其依赖集体股份合作公司的局面。其次，转变居委会的服务理念。由于大部分城中村的居委会是由原村委会改制而来的，改制后仍保留了许多原来的职能，从而承担了不少社区工作站本应承担的事务，尤其是在本地居民眼中，它仍然是代表政府的管理机构，办事还是往居委会跑。因此，需要尽快转变居民的这种观念，让本土居民和外地居民都参与居委会，使居委会成为真正的居民自治组织。

5.4.3　打破隔离，促进本土居民与外来居民的融合

本土居民与外来居民缺乏交流与理解是目前城中村中普遍存在的现

象，而贫富差距和社会隔离是导致这一现象产生的重要原因。城市应在更新中通过物质环境改善、制度建设等手段，逐步加强不同群体之间的文化交流与融合。首先，可通过更新改造来改善外来人口的居住条件。城市中存在外来人口是个长期的现象，从长远来看这些人大多数会成为取得本市户籍的市民，因此政府方面有必要在规划建设上考虑他们的安身立命之所，让尽可能多的暂住人口结束居住上的混乱状态，而不能仅仅通过单一的市场机制运作。政府可以通过政策扶持，大力培育房屋租赁市场，尤其是廉租房市场。其次，强化对劳动力市场的引导和调控，将外来人口纳入城市规划和城乡经济发展规划之中。政府要把流动人口的吸收和管理与城市的产业结构、投资结构的调整协调起来，把流动人口纳入城市规划、基础设施规划之中，使流动人口的增长速度与基础设施的发展速度相适应。政府要通过对劳动力市场的干预，加强对人口流动方向的引导。最后，积极培养社区居民的社区意识，形成社区认同感。城中村主要由外来人口构成，具有较高的非同质性，主要依靠业缘、地缘关系进行相互联系。城中村的发展依靠外来人口，是外来人口给城中村的发展带来了活力。然而，当前大多数城中村中的外来人口对生活的社区并没有认同感，他们认同的大多是其工厂或店铺，社会关系更多的是老乡关系。城市政府首先应以积极和肯定的态度承认外来人口对于深圳的贡献，其次通过文化建设，制定政策、完善组织，组织有效的社区活动，使外来人口在活动中增强社区认同，让社区成为社区居民的“家园”。

6 城市更新中的低碳生态建设

6.1 低碳生态导向下的城市更新

我国正经历大规模的快速城市化，土地空间短缺、城市环境恶化、资源能源匮乏等问题已成为制约城市发展的瓶颈。低碳生态城市是以减少碳排放为主要切入点的生态城市类型，它将低碳目标与生态理念相融合，最终实现“人—城市—自然环境”和谐共生。在资源环境约束条件下，面对中国城镇化的现实矛盾与未来挑战，以低碳生态城市理念确定的新型城市发展模式具有重要意义。其中，物质资源的循环与高效利用是低碳生态城市的重要特征。城市更新作为破解土地资源紧缺难题的一种手段，主要以已建成区为对象，通过对存量土地资源的空间整合与潜力挖掘为城市经济的持续发展寻找新的空间，从而实现土地资源的循环利用和用地效益的提升。可见，城市更新是低碳生态城市建设的重要途径之一。

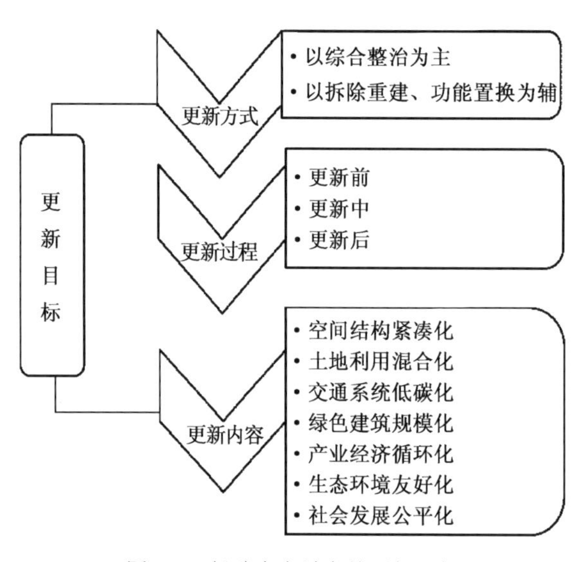

图 6-1 低碳生态城市的更新目标

深圳低碳生态城市的更新目标应以低碳生态理念为指导，以综合整治为主要更新方式，适度推进以拆除重建和功能置换为手段的城市更新，在更新前期调查、更新方案比选、更新实施与管理、更新评估与修正等更新全过程中全面贯彻低碳生态理念和技术方法，倡导空间结构紧凑化、土地利用混合化、交通系统低碳化、绿色建筑规模化、产业经济循环化、生态环境友好化、社会发展公平化，打造经济、社会、环境和谐发展的绿色有机更新之路（图 6-1）。

6.2 基于不同更新方式的低碳生态要求

不同更新方式会对城市更新改造后的建筑、产业、环境、基础设施等要素的低碳生态效果产生很大的影响。更新方式的不同会直接影响更新后建筑量、经济量、人口量、就业量等，也会对在更新过程中如何融合低碳生态理念与技术产生很大影响。

6.2.1 综合整治中的低碳生态要求

从可持续发展角度来说，综合整治作为一种修复式的改造手段，相对于拆除重建这种大拆大建的改造方式，其在资源利用、节约能源、保护生态环境等方面具有积极作用。从某种程度来说，综合整治本身就是最大的低碳生态更新策略，其通过建筑、产业、交通、市政、环境等不同方面来具体体现低碳生态改造策略。

1）推进现有建筑的节能改造

对于适合采用综合整治更新方式的新村、居住区和工业区，应着力推进现有建筑的节能改造，即通过绿色技术、可再生能源应用、建筑维护与物业管理等措施，全面推进现有建筑的节能改造。

（1）促进绿色技术和可再生能源应用

综合利用各种绿色建筑技术和产品，对现有建筑进行低碳生态改造。在保持建筑原结构框架基本不变的基础上，通过外遮阳、自然通风、自然采光、中水回用、雨水收集、人工湿地、立体绿化、底层架空、透水性铺装材料、节能隔音门窗、节能照明、节水器具等绿色建筑技术和产品的应用，降低建筑能耗，减少碳排放强度（图 6-2）。芝加哥中心区“脱碳”规划，通过对破旧房屋的改造，不仅节省了改造资金，而且使得新建建筑对城市生态系统的影响降至最低。这种新的更新方式将改善能源和碳的排放，并提高地区的生活品质。

在改造过程中推进可再生能源的规模化应用，大力推广太阳能、浅层热能、生物质能、风能等可再生能源在建筑中的应用，在建筑屋顶适当增加太阳能收集器，提供制热、制冷或者给蓄电池充电等多种功能，建筑中配置太阳能热水器，安装空调预热回收装置，在高层建筑中推广运用可再生能源等（图 6-3）。

（2）加强维护和物业管理

加强住宅物业管理，提升居民居住环境和质量。扩大物业管理覆盖面，积极推进原经济特区内老住宅区和原经济特区外原农村社区的综合整治，并引入物业管理工作。在现有物业管理区域内，进行契约式能源管理模式试点，加大政府监管力度，以物业管理项目考评为手段，提高物业管理企业的服务水平与质量。

图 6-2　万科中心建筑外遮阳的室内效果

图 6-3　光热、光电系统及风力发电系统

（3）降低实施中的环境影响

在改造、拆毁和再利用阶段，通过对建筑性能的全方面诊断，合理更换建筑材料、设备系统，提高建筑的耐久性和寿命，对现有建筑进行节能、节水的全面改造，合理规划拆卸、更换的建材、设备走向，实现资源化利用，避免对环境的不利影响。

案例：

南海意库是由建于 20 世纪 80 年代初期的三洋 3 号厂房改造而成。在不改变原有建筑结构体系的前提下，该项目改造按照低碳生态理念，综合运用了多种先进的绿色建筑技术，在节能、节水、环保等方面做出了许多尝试，包括湿度、温度独立控制空调系统、自然通风技术；独立办公室采用高温水冷辐射吊顶、太阳能热水系统；中庭屋面布置太阳能光电板；采用无机房节能型电梯、雨水收集和人工湿地系统、土建和装修一体化施工等。改造后整栋大楼可以实现综合节能 65%，每年可以节约用水 1 万 m^3，节电 240 万 kW·h，节省标煤 1 000 t，减排二氧化碳约 2 000 t。改造后，大楼的采光、通风、外形、内部环境质量和空间结构、景观等方面都得到了大幅改善，营造出既有历史底蕴又富有时代特色的空间环境，吸引了大量文化、创意、科技研发等企业入驻（图 6-4、图 6-5）。

图 6-4　南海意库与旁边未整治厂房比对

图 6-5　南海意库中庭太阳能光板

2）推进现有产业的低碳生态化改造

出于对改造成本、规划控制等因素的考虑，部分旧工业区无法以拆除重建或功能置换方式进行全面改造，需要通过技术替代、产业升级、实施清洁化生产等方式实现现有产业的低碳生态化改造，降低对能源、资源的过度依赖，逐步向科技化、创意化、循环化的现代产业转变，从而改善生态环境，减少温室气体和污染物排放。综合整治对现有产业的低碳生态化改造主要体现在加快城市产业转型升级、推广节能减排技术和综合利用资源能源三个方面。

（1）加快城市产业转型升级

低碳生态产业优化升级主要体现在以下三个方面：强化主导产业发

展、促进衰退产业的调整与升级、加快新兴产业的形成与发展。综合整治对城市产业的影响主要体现在前两个方面，而新兴产业的形成与发展则主要受拆除重建和功能置换式改造的影响。

主导产业是体现城市产业特色、带动整个城市经济增长的支柱。通过更新改造、技术强化等手段改造现有产业，以循环经济模式引导产业升级，挖掘节能减排潜力。在工业企业推进清洁生产，积极培养企业的自主创新能力，引导并强化主导产业发展。工业区周边地块的更新改造为主导产业提供发展空间，通过发展生态工业园区，实现产业、企业的集聚化、规模化与循环化。

淘汰产业则需要通过产业调整和升级而获得新生。产业调整包括产业资产结构调整、技术结构调整、产品结构调整、组织结构调整及空间区位调整。在产业结构调整的基础上，还需要进行产业升级。产业升级包括产品、技术、管理等多方面的升级，具有创新性和灵活性。发展文化创意产业是旧工业区综合整治的一个重要突破口，深圳已经在多个旧工业区进行了以文化创意为改造方向的更新实践改造，如田面设计之都、华侨城创意文化园（OCT-LOFT）（图 6-6）、深圳 F518 时尚创意园等（图 6-7）。利用已有旧厂房发展文化创意、休闲娱乐等现代服务业无疑是旧工业区改造的重要路径，但未来的更新改造除了对旧厂房的再利用外，

图 6-6　华侨城文化创意园

图 6-7　深圳 F518 时尚创意园

还需要加入低碳生态理念，综合运用多种低碳生态技术，提高综合整治的绿色含量，使旧工业区焕发绿色生命力。

（2）推广节能减排技术

以生态化调整和改造为手段，对现有项目重新进行行业分类评估和管理，淘汰落后的工艺技术，通过高新技术改造和适宜性技术相结合的方式提高资源能源循环利用，拓展产业发展空间，推动传统线性经济向循环经济转变，系统建立循环经济产业链。加强发展节能和提高能效的适用技术，采用先进的节能技术、工艺及设备，并对高能耗行业进行节能技术改造，加强能源和资源的循环利用，减少排放和资源浪费，提高产业整体水平。

采取多种措施大力推动清洁生产技术的应用：一方面，要通过市场和企业的力量，改造现有的工业体系，构建清洁、循环的生态工业体系；另一方面，政府要从多个角度提出合理的政策并加以实施。加强企业年度清洁生产审核绩效分析，鼓励企业通过清洁生产减少能耗和污染物排放，对重污染企业实行清洁生产强制审核，敦促制定低碳园区标准和评估体系。

（3）综合利用资源能源

低碳经济的核心是能源利用效率的提高和能源结构的转变。改善能源结构、降低能源碳密度，即单位能源中碳的含量，推广清洁、高效非碳基能源的使用，是推动现有产业低碳生态化改造的重要途径。按照循环经济理念和工业生态学改造现有产业资源能源工业、固体废弃物的再循环利用，调整能源结构，不断提升清洁能源的使用比例，大力促进太阳能、风能等可再生能源的开发利用，实现资源能源的循环利用。

强化重点企业节能减排管理，实行重点耗能企业能源审计和能源状况报告及公告制度，对未完成节能目标责任任务的企业，强制实行能源审计，推动企业加大结构调整和技术改造力度，提高节能管理水平。

案例：

深圳蛇口工业区作为中国第一个对外开放的工业园区，曾经是深圳的制造业重地。近年来，制造业陆续迁移，园区逐渐空心化，蛇口工业区转型升级迫在眉睫。2011 年，以“蛇口网谷”为主体的蛇口工业区改造项目正式启动。项目整体采取了以综合整治为主的更新模式，在保留建筑物主体结构的基础上，将旧厂房改造为适用于新的产业发展的办公楼，并将原来用于产业工业住宿的 1 400 多套宿舍改造为“壹间公寓”等精装修公寓，加装了电梯。同时，对公共空间进行改造升级，改善了相应的公共服务功能。改造后，园区产值两年内实现翻番，空间品质大幅提升，成功入选“广东省产业升级突破点”，成为旧工业升级转型的典范（图 6-8）。

3）推进现有基础设施的低碳生态化改造

城市更新所涉及的基础设施主要包括道路交通设施和市政基础设施。

图 6-8　改造后的蛇口网谷

综合整治方式虽然不能从根本上解决更新对象在道路、市政等方面存在的问题，但通过采取疏通道路、停车场绿化、完善排污设施、增加中水处理设施等措施，可以对现有基础设施进行低碳生态化改造，有效提高现有设施的供给能力。

（1）加快灰色道路向绿色道路转变

有计划地对更新片区内的道路进行低碳生态化改造，完善市政设施、人行设施、公交设施和交通设施。开展重点片区交通综合治理工作，改善交通微循环，打通瓶颈路，连通断头路，提高路网整体通行能力。打破城市社区的封闭隔阂，减少小区开发对城市支路的侵占，将有条件的小区部分内部道路纳入城市交通体系。

对传统交通模式进行渐进式的生态化改造。控制引导交通出行的数量，在单位排放量一定的情况下，降低城市交通的碳排放。大力发展步行、自行车和公交等高效绿色交通工具，满足城市居民个体、团体和社会要求，建立高效优质的慢行交通和公共交通出行系统，减少城市交通系统燃油消耗和尾气排放。

优化交通方式和构成。实现以步行、非机动车为主导，并与公共交通有效衔接的绿色交通方式结构。以人为本的理念对城市交通运输体系进行重新定位，优先级排序应为步行、自行车、公共交通、出租车、货车、摩托车。加大步行、自行车交通设施建设，形成连续、无障碍的步行和自行车交通系统，为绿色交通发展创造良好的设施条件。

通过城市更新解决公交场站的建设用地问题，城市中心区严格控制社会停车场数量，鼓励使用公共交通。居住区内合理发展社会停车场，并相对密集布置。研究建设集约、立体、生态型公交站的标准和方案，以试点先行方式探索生态型公交站的建设。对现有停车场进行生态化改造，提高绿化覆盖率，降低汽车噪音对周围环境的干扰，并对重点地段的交通声环境进行综合整治。

（2）促进现有市政设施的低碳生态化改造

对现状市政设施的改造应根据更新对象的不同采取相应的整治措施。对于城中村与旧居住区需要着重针对生活所需要的给排水、燃气、垃圾处理三个方面进行低碳生态化改造。提高生活污水处理回收率，加强污水处理和中水回用，规定中水使用比例，填补用水缺口。数据显示，2000 年以前北京既有民用建筑超过 2 亿 m^2，预计每天有约 22 万 t 的自来水浪费在冲厕上，每年即约有 8 000 万至 1 亿 t 的自来水，约相当于 4 个颐和园昆明湖的水量。在城市建筑小区采用中水系统后，居住区用水量将节省 30%—40%，同时排放量减少 35%—50%，一般居民住宅可节水 30% 左右。

在已建成住宅小区中完善管道天然气转换，提高管道燃气普及率；公共区域采用太阳能照明用电，实施生活垃圾无公害处理。例如柏林克罗依茨贝格 103 街区在建立了独立的塑料收集系统、有机垃圾堆肥处理系统、垃圾分类回收站后，每年有效节约成本近 50%。将一栋建筑物里的 4 家住户用过的生活污水重新收集并进行生物处理净化，处理后的污水直接用来冲洗马桶，平均用水量减少了 20%； 雨水收集系统的改善使流入下水道的雨水减少一半，降低了发生水涝的概率。

旧工业区由于产业结构不合理、生产工艺落后等原因导致二氧化碳、固体废物、废水、废气等污染物排放量增加，严重影响城市环境。旧工业区中基础设施的低碳生态化改造应根据固、气、水、声的不同特点，以及本地污染物和废弃物的排放状况，制定相应的环境质量和污染控制标准，提高工业固体废物处理利用率、工业用水重复率，减少单位 GDP 二氧化碳排放量。

案例：

2012 年盐田区政府通过政府全额投资，启动老旧小区红线范围内优质饮用水入户水管更新工程，对全区老旧小区中不合格供水管材集中进行更新改造。在技术上，采用双回路供水，有效解决了用户水龙头水压水量不足的问题，并提高了供水水质和管网安全性，降低了管道漏损率，将改造前 10%—30% 的漏损率降低至 5% 以下。从硬件上做到节约用水，有效解决了“黄水”“锈水”问题，使用户水龙头水质全面达到国家新的生活饮用水卫生标准，实现了优质饮用水入户，在节约用水及节能减排上具有示范性和推广意义。此外，该项目按照抄表到户的原则进行改造，由供水企业向最终用户实施抄表收费，彻底解决供水“中间层”等历史遗留问题，进一步理顺了供水公司、物业管理公司、小区居民用户之间的管理责任，大大降低了居民投诉率，促进了社会和谐（图 6-9）。

6.2.2 拆除重建中的低碳生态要求

从城市长远发展角度理解，拆除重建方式在科学规划，满足环境、基础设施、城市景观等可持续发展要求下，可以采取提高容积率、改善城市环境、增加就业岗位等措施，有效利用土地、空间资源，形成集约式发展。拆除重建通过对改造地区在产业、建筑、交通、市政、生态环境等方面的重构，可以最大限度地采用低碳生态理念及相关技术标准，形成一种全新的城市发展模式。

图 6-9　盐田区优质饮用水入户工程

1）落实海绵城市建设要求

深圳市降雨量丰富，降雨强度大，时空分布不均，汛期降雨量占全年的 85% 左右，且集中在几次大的暴雨过程；加之城市快速扩张，地面硬化比例高，不透水地面的比例越来越大，原有降雨—渗入、产流—汇流的过程发生了变化，使得城市雨洪加剧，内涝频发。

在此背景下，深圳市将海绵城市建设作为编制城市更新单元规划时的必选专题。所有更新单元规划编制过程中都必须开展海绵城市专项研究，评估现状地下水位、水质、地质土壤及其渗透性、内涝灾害等情况。根据更新单元发展规模进行的海绵城市影响评估，明确海绵城市建设目标，如年径流总量控制率、面源污染控制率等，并提出相应的改善措施，如落实区域排水防涝、合流制污水溢流污染控制、雨水调蓄等设施的建设和河湖水系的生态修复要求；明确地块的海绵城市控制目标和引导性目标，并且结合总平面图，合理布局海绵城市设施。

除海绵城市建设专题外，城市更新单元规划还必须开展生态修复专项研究，评估更新单元及周边生态要素，包括土地、水体、绿色、山体等，分析现状生态环境质量和存在问题。根据生态本地评估结果，确定各类生态要素的核心问题，基于目标导向确定符合用地功能的土地修复目标和指标，基于问题导向确定其他各类生态要素的修复目标和指标，并提出生态修复方案。

2）大力发展绿色建筑

“全世界的塔吊都集中在中国”是对我国快速城镇化，城乡建设速度空前、规模空前的生动比喻。大量新建建筑在改变城市环境、提高居住水平、拉动相关产业发展、增加政府收入的同时，在建筑物建造与运行过程中消耗了大量的自然资源和能源，对生态环境产生了巨大的负面影响。在城市更新过程中，拆除重建在产生大量新建建筑的同时，还在建设过程和后期运行中减少污染、降低碳排放、有效利用资源能源，体现低碳生态理念、技术，成为更新后新建建筑发展的重要方向。

（1）强调全过程绿色建筑

我国城镇建筑目前的运行能耗为总的商品能耗的20%—28%。与发达国家比较，我国的单位面积采暖能耗为同气候条件发达国家的2—3倍，具有较大的节能潜力。近几年来，绿色建筑已成为从中央到地方各级政府关注的热点，发展“节地、节能、节水、节材”建筑成为我国建筑的发展方向。拆除重建为城市建筑再造提供了难得的机遇，也为更新后新建建筑由传统高消耗型发展模式向高效生态型发展模式转变、体现“生命周期分析”（Life Cycle Assessment，LCA）理念提供了最佳实践场。

拆除重建后的新建建筑应强调从规划设计阶段到施工过程、运营管理实施全过程控制、分阶段管理的绿色建筑思路：不仅强调在规划设计阶段充分考虑并利用环境因素，施工阶段确保对环境的影响最小，而且要关注运营阶段能为人们提供健康、舒适、低耗、无害的活动空间，拆除后将对环境的危害降到最低。强化新建建筑执行能耗限额标准全过程监督管理，实施建筑能效专项测评。从建筑生命周期角度来看，通过合理的资源节约和高效利用的方式来建造低环境负荷下安全、健康、高效、舒适的环境空间，实现人、环境与建筑的共生共容和永续发展，全面达到节能、节地、节水、节材的目标。

（2）完善绿色建筑设计

合理控制绿色建筑规模、容积率和面积，提高土地利用效率，加强住宅节地工作，确保不低于70%的住宅用地用于廉租房、经济适用房、限价房和90 m^2 以下中小套型普通商品房的建设，防止大套型商品房多占土地。在我市保障性住房住宅区项目中率先实施住宅产业现代化政策，提高住宅品质和质量，有效降低能耗，充分发挥其示范引导作用。所有保障性住房，一律按“四节二环保”的原则进行建设。

在新建建筑设计中应利用计算机模拟工具，对建筑窗墙比、体形系数、围护结构保温隔热性能和采光性能、生活热水系统等进行综合优化设计，加强自然风、自然光利用，改善室内声光热环境，保证室内空气质量。减少建筑空调制冷负荷，提高系统效率，节约建筑的运行能耗。合理采用可再生能源，实现污染废水资源化，减少对环境的污染，保证再生水使用的安全性、可靠性。合理设计雨水收集和景观水方案，减少市政供水，保障用水安全。建筑结构设计应当有利于节约材料，合理提高可循环、再生材料的使用量，提高建材耐久性。

（3）实施绿色施工

注重场地生态环境保护，严格控制噪声、光污染、施工弥散、大气污染等。注重在施工用水、用地、材料选择、废弃物处理等过程中贯穿节能、节水和节约材料理念，加强建筑工程扬尘控制，强化噪声与振动控制，完善建筑工地泥头车监管，并采取各种有效措施加强对人员安全与健康的保障，减少施工对环境的不利影响。认真贯彻落实建设部《关于印发〈绿色施工导则〉的通知》，建立适合深圳实际的绿色施工指标体系，研究制定建筑工程绿色施工评价标准，通过试点和示范工程推广绿色施工经验。

编制预制构配件、部品生产、设计、施工和验收规范，出台关于推进建筑工业化的意见，逐步实现建筑预制构配件、部品的工厂化生产与现场装配。积极培育建筑工业化示范基地，鼓励建筑工业化技术与产品的研发。

案例：

公明陶瓷厂是兼顾社会生态效益的绿色更新经典案例。公明陶瓷厂为 20 世纪 90 年代初建造，已停产荒废多年，土地利用效率低下，产出能效落后，用地模式与光明区的发展定位严重不符（图 6-10）。

2011 年，作为光明新区第一个拆除重建的城市更新项目，公明陶瓷厂进入实施阶段。该项目建设用地面积为 4.63 hm^2，容积率为 3.04，建筑面积为 14.08 万 m^2，在设计中践行“绿色更新”理念，在居住区建设中同步推进周边交通环境改善和市政设施的配建工作，提供了约 9 400 m^2 的保障性住房、1.7 万 m^2 的商业配套和 6 400 m^2 的公共设施，强化了功能混合，大幅提升该片区城市整体品质。在户型、房屋结构、给排水、电气暖通等设计中突出体现“绿色建筑”标准，在建设中广泛使用了绿色环保和再循环材料，采用新型材料控制环境噪声，利用太阳能热水系统、太阳能照明、雨水收集利用和中水回用技术等。项目已于 2012 年 6 月正式竣工，成为光明新区首个实施“绿色建筑”标准的城市更新项目，为城市更新践行低碳生态提供了珍贵经验（图 6-11）。

图 6-10　改造前的公明陶瓷厂

3）探索产业低碳生态化发展

城市更新通过拆除重建方式对改造地区内的产业进行重新构建。相对综合整治方式，其侧重于对现有产业的优化、升级，拆除重建方式的产业策略更多的是强调对选择什么产业、如何在新的产业布局中体现低碳生态的一种引导与控制。本节以拆除重建为研究基点，从产业布局规划、节能减排技术应用、节能减排管理三个层面，对拆除重建方式中如何融

图 6-11　改造后的公明陶瓷厂项目

合低碳生态理念进行分析。

（1）合理引导产业布局

拆除重建后的产业面临全新选择，如何从全新视角引导产业布局、发展低碳生态产业，需要根据上层相关规划进行。应以区域环境容量和资源条件为基准，加强产业空间布局与城市组团结构、轴带结构、土地利用效益的圈层结构、城市中心体系、城市空间管制分区的契合。大力发展高端服务业和高新技术产业，重点研发汽车、电子信息、生物与现代医药等产业的共性技术与核心技术，降低生产能耗和二氧化碳排放，培育形成一批具有自主知识产权、前瞻性的高新技术产业。

开展循环经济试点，创新生产模式，加快构建工业园区、产业功能区低碳生态化。对新建项目提高准入标准，严格准入管理，建立新上项目与节能减排指标完成进度挂钩、与淘汰落后产能相结合的机制。西班牙 ParcBIT（Parc Balearic Information Technology）项目在原有产业基础非常薄弱的条件下，通过引进高层次的产业，利用电信、电子媒体等新兴技术，建立起低碳生态产业，在促进地区产业发展的同时，形成了一个集生活、工作为一体的生态社区，成为低碳生态工业区改造的典范。

（2）加强节能减排技术研发与推广

新引进产业应加强节能减排技术研发，建立以企业为主体、产学研相结合的节能减排技术创新与成果转化体系。构建节能减排技术服务体系，开发和培育节能减排市场，多形式、多途径、多层次推进节能减排服务产业化、市场化。

大力推进清洁生产，加强企业年度清洁生产审核绩效分析，鼓励企业通过清洁生产减少能耗和污染排放，对重污染企业实行清洁生产强制审核，实现产业生产低碳生态化。

以综合利用资源能源提升节能减排。调整能源结构，不断提高清洁能源使用比例，大力促进太阳能、风能等可再生能源的开发利用。

（3）完善节能减排管理

建立健全项目节能减排评估审查和环境影响评价制度，对达不到能耗和环保准入条件的企业依法不予审批、核准、备案。推进环保产业健康发展，制定重点发展环保企业认定标准。完善节能减排投入机制，多渠道筹措节能减排资金。充分发挥财政资金在节能减排中的引导作用，市、区财政部门应加大财政资金对节能减排方面的投入力度。

通过土地资源管理的刚性政策手段，按照产业空间集聚发展的客观要求，建立一套适应空间减量化发展模式下的产业管理模式，促进地方产业集群发展与企业创新性和根植性的提高，实现空间结构优化、用地集约高效、产业空间集聚的目标。

4）构建低碳生态化基础设施

相对于综合整治，全面改造是对更新地块的一种根本上的新建，可以最大限度地实现许多新的理念和技术方法。低碳生态化拆除重建可以通过绿色道路交通体系构建、TOD 模式、低冲击开发、垃圾无害化处理、中水系统及太阳能发电等措施，在基础设施规划建设中全面体现低碳生态理念和技术。

（1）打造低碳生态化道路交通体系

拆除重建式的城市更新可能会对地区内的道路交通体系进行重构，具体包含两个方面内容：一方面，当改造用地规划为城市交通设施用地时，需要从区域、城市层面研究如何构建低碳生态化道路交通体系；另一方面，当改造地块规划为非交通设施用地时，如居住、工业等用地，需要结合周边交通情况，重点对地块内部自身道路交通体系进行重建。前一个内容已经在空间结构中有所研究，这里主要对第二个内容进行分析。

城市更新地区的道路交通体系应加强与周边城市道路、公交设施、过街设施、人行设施的一体化设计，实现地铁、巴士和的士等多种交通方式的无缝转换，提倡自行车、公共交通出行，构筑慢行系统，减少小汽车使用，加强城市步行设施的建设，为市民提供便捷、舒适的候车环境及步行空间。

TOD 模式在集约利用土地、降低小汽车出行依赖等方面具有积极作用，也是城市更新发生与实施的重要促进因素。城市更新应结合城市轨道交通规划建设，积极推动轨道站点周边用地更新改造活动，适度提高用地开发强度，使更新地块内部道路交通系统与城市快速公共系统形成无缝衔接。

（2）加快绿色市政设施的应用与推广

拆除重建更新方式为改造地区按低碳理念规划建设公共基础设施提供了全新机遇。更新地区应根据现状特点，结合城市基础设施规划布局，合理规划布局环境卫生设施，提高设施使用率，提高垃圾无害化处理和综合利用水平，提高日常保洁能力和环卫设施的建设、运营和服务水平，实现垃圾收集运输密闭化，垃圾处理无害化、减量化、资源化，提高环卫工作机械水平和工作效率。重视控制废弃物的生产源，鼓励发展较少废物或无废物的生产工艺，建立废弃物管理制度。

综合考虑城市所在地区水系统特点，将给排水纳入区域水循环系统统一考虑。给水规划需要全面采取雨污分流体制，加强雨水收集利用（图6-12）、污水处理和无害排放。加强规划引导，推广生活节能，加大实施能效标识和节能节水产品认证管理力度，降低服务行业的能源消耗水平。

防止拆除重建对地表和地下水造成冲击，以低冲击开发模式（Low-Impact Development，LID）开展更新改造（图6-13），实施“城市可持续排水系统”（Sustainable Urban Drainage Systems，SUDS）。通过收集、储存雨水和中水来阻止区域内的水流失，落在屋顶、太阳能收集板、小路、外廊、阳台的雨水被收集并输送到地下，与经过过滤的下水道污水、淋浴和洗漱用水得到“中水”混合，可灌溉屋顶花园、维护生产性景观植被，同时也有利于生态廊道渗入场地，而“绿色走廊”为本地动物提供生境。

最大限度避免依赖区外基础设施，特别是水和电的供应。运用微风、阳光和植被进行制冷、加热和湿度调节，利用太阳能制造热水，使用低能耗的可再生的无毒材料，利用光电能源和太阳能光电板发电，过剩的电力则运输至蓄电池。在传统防灾规划的基础上，利用生态防护防灾减灾，并考虑生态安全的防灾减灾。

图6-12　分散式雨水收集回用系统

图6-13　光明城站施工中的低冲击路面

5）加快低碳生态社区建设

城市更新不仅要塑造全新的低碳生态物质空间、绿色产业系统，还需要在社区规划建设方面充分体现低碳生态理念，建设和谐型社区、环保型社区、人文型社区和清洁型社区。中新天津生态城总体规划将社区规划纳入专项规划中，形成基层社区—居住社区—综合片区三级体系，并结合三级体系提出组团布局、空间紧凑、建设强度多样化、步行优先等设计原则。生态社区还将引入公众参与、健全社区建设管理组织体系，组建真正意义上的横向社区居民自治管理网络，并组建生态解说员培训营以加强社区生态教育普及。北京长辛店低碳社区的布局规划还特别考虑了邻里结构，以人的步行距离设置邻里单元的空间尺度，减少机动车使用率，居民不需要汽车就能够满足基本的购物、休闲要求。此外，生态城里还有自己独立的公共交通工具，居民步行 500 m 即可方便地乘坐。低碳社区的布局规划规定生态保障性住房的建筑面积比例不低于 30%，分散布局于各个基层社区；妥善安置原村民，回迁率到 100%，并提供就业保障。

低碳生态改造的成功不仅仅要靠技术、方法和管理，还需要居民的共同参与，新的生态系统的形成取决于新的行动，更新改造必须考虑当地的社会结构和人们的日常习惯，让低碳生态理念融入居民的日常生活和行为中，只有这样才能真正实现低碳生态化改造。哥本哈根的韦斯特布鲁地区采用生态更新模式，在当地更新社团的基础上组建城市更新学校，为居民提供大量与更新、低碳生态等相关的教育、培训活动。这对培养当地居民的低碳生态意识和改造的顺利实施起到良好的效果。

6.2.3 功能置换中的低碳生态要求

功能置换主要是指改变部分或者全部建筑物使用功能，但不改变土地使用权的权利主体和使用期限，保留建筑物原主体结构的更新改造方式。根据消除安全隐患、改善基础设施和公共服务设施的需要，可以加建附属设施，并应当满足城市规划、环境保护、建筑设计、建筑节能及消防安全等规范的要求。功能置换类的城市更新，从不改变建筑物主体结构的角度来看，可采取建筑节能改造、现有产业生态化改造等与综合整治相类似的低碳生态改造策略；从改变部分或全部建筑物使用功能的角度来看，尤其是在功能选择上，更新方向为产业的，可以借鉴拆除重建中有关产业调整、绿色建筑、低冲击开发等改造策略，强调功能转变过程中的低碳生态理念与技术的融合。

6.3 城市更新中落实低碳生态建设的措施

6.3.1 构建多层次的低碳生态更新指标体系

低碳生态规划、建设、管理和实施需要一套符合客观实际的评价标准进行控制与引导。以低碳生态为理念的更新指标体系应与传统城市规划指标进行有效衔接，一方面保留传统城市规划中的精华指标；另一方面根据低碳生态城市发展最新要求，对传统规划指标进行调整、优化并加入相应的低碳生态指标。

评价标准应结合不同层次的城市更新规划制定相应的指标体系来进行评价、监测和考核。指标体系分别通过控制性指标和引导性指标来指导城市建设、明确城市发展目标，并结合当地自然气候条件和城市发展阶段等因素分类考虑，设置不同的标准值进行考核，最后将各项指标与各层次规划相结合并落实到空间层面，创新不同尺度的低碳生态城市更新规划编制方法，在规划上充分体现低碳、生态的原则和目标，将低碳生态落到实处。其中，与实施联系最紧密的是，在更新单元规划层面，通过开展海绵城市建设和生态修复两个专项研究，针对每个地块提出具体的绿化覆盖率、透水率以及年径流总量控制率等方面的指标要求。

6.3.2 加强更新规划政策的空间引导与控制

通过容积率奖励、地价优惠、审批手续简化等空间政策，鼓励在更新改造中创造更多的城市公共空间，保护城市生态与文化遗产，引导未利用地、闲置地的暂时性灵活使用；鼓励在建筑物或红线范围内开辟非独立占地公共开放空间，例如建筑底层架空或群房屋顶层主楼架空、建筑沿街开辟骑楼等，使其满足相应设计条件并无偿提供给城市管理部门管理、供市民使用，并对在开发区内具有地方风格和文化特色的建筑或自然景观进行修复保育。

6.3.3 加强低碳生态城市规划关键技术标准与规范的制定

低碳生态城市更新涉及的规划技术包括两个方面：一是在规划中体现和强化生态城市的规划技术；二是低碳生态城市建设项目的技术。首先，低碳生态规划的关键技术是低碳生态更新指标体系的构建、指标的量化和各项指标目标值的确定，包括如何计算不同改造方式、不同技术与方法下的碳排放，水、电、废弃物等指标的目标设定等。其次，低碳生态更新规划要加强对城市更新片区生态承载力计算技术的研究，如土地、水、植物等不同生态要素的承载力计算。最后，低碳生态更新还要研究不同改造方式下城市经济社会活动或重大基础设施建设对生态系统影响的评价和预警技术，在不同更新规划的编制中加入环境影响评价环节。

6.3.4 开展低碳生态更新的试点示范工程

目前低碳生态城市更新还在探索阶段，选取具有针对性的地区优先开展低碳生态更新对探索低碳生态更新的标准、规范及低碳适宜技术的研发推广具有十分重要的作用。要结合试点项目的实践经验，通过管理规定以及实施细则的制定、补充和完善，逐步加强其在全市的实施推广。

7 城市更新评价体系

7.1 城市更新评价的目标与原则

在城市更新实践中，我们经常会面临这样的问题："哪些地方需要更新？""哪个更新方案是最优的？""更新规划后的实施情况如何？"这些问题都涉及一个基本的思考，即"城市更新评价"。城市更新评价体系的主要任务是对更新地区的社会、经济和物质环境等状况进行评价，为更新目标、更新策略以及更新规划的制定提供必要的信息，并为更新管理决策与相关政策制定提供参考。

7.1.1 城市更新评价目标

城市更新评价通常采取的是一种以目标为导向的评价方式，在评价过程中必然会以评价目标作为一种具体分析与判断的重要依据。从目标构成角度来看，城市更新评价目标可以分为总体目标和分项目标两个层次，其中总体目标的设定与城市现状存在的问题及城市发展目标密切相关，而分目标是对总目标的进一步分解和细化。

深圳城市更新总目标应积极探索转型时期深圳城市更新的特殊内涵，通过构建动态、可操作的更新评价指标体系，运用定量与定性相结合的方法科学评价城市更新总体情况，合理确定城市更新对象的空间分布和改造总量，实现深圳城市环境效益、生态效益、社会文化效益、经济效益的综合发展。为有效实现总目标中环境效益、生态效益、社会文化效益、经济效益的总体要求，将总目标分解成以下四个分目标：

空间目标。空间资源是人类生活与生产的重要载体。城市更新应贯彻结构优化和集约发展的要求，在更新评价中包含加强城市公共安全、优化空间功能结构、提高土地集约利用、完善城市配套设施建设等内容。

生态目标。生态环境是城市健康、持续发展的重要保障。城市更新要贯穿可持续发展的理念，在更新评价中体现生态系统保护、环境可持续发展的要求。

社会目标。社会发展是城市文明的重要体现。城市更新应树立构建和谐社会的目标，在更新评价中充分体现提高城市公共服务水平、保护地方文化遗存的要求。

经济目标。经济发展是城市的重要职能和工作中心。要通过城市更新实现优质空间资源整合，促进产业腾笼换鸟和集聚发展，在更新评价中突出城市产业结构转型升级、提高经济效益等要求。

7.1.2　城市更新评价原则

在总体目标指导下，城市更新评价在指标体系构建、具体指标选择、指标更新及应用等具体环节需要有相应的原则作为指导。城市更新应遵循城市发展总的客观规律，坚持科学性、综合性、可持续、实用性、层次性等原则。

科学性：更新评价一定要建立在科学的基础之上，要科学合理、客观真实地反映深圳城市更新中所面临的问题。评价指标的物理意义必须明确，测定方法必须标准，统计方法必须规范。

综合性：城市更新评价涉及空间、生态、社会、文化、经济等诸多方面，在评价指标体系的设计上应体现不同方面的评价要求。

可持续性：更新评价体系应具有可持续性。评价指标应有动态化和时效性，根据现实变化，及时调整更新，使更新评价具有连续性和可持续性。

实用性：城市更新评价以满足研究实用为目标，保证评价指标的相对独立，并进行选择性的取舍，宜选择具有代表性、通用性、易获得的指标。

层次性：城市更新评价指标体系应由多层次的指标群构成，可分为一级指标层、二级指标层、三级指标层等，各层次之间既相互联系又相互独立，指标群逐级分解，形成多层有机组合。

7.2　城市更新评价体系的构建

7.2.1　指标选取标准

指标选择是评价体系构建的核心，根据城市更新评价目标和原则，更新评价体系的构建首先需要对具体指标的选取标准进行设定，遵循宜少不宜多、宜简不宜繁，区分强制性与引导性，具有独立性和动态性等原则。

1）宜少不宜多、宜简不宜繁

评价指标并非越多越好，关键在于指标在评价过程中所起作用的大小。更新规划评价指标体系要尽可能涵盖评价目标所需的基本内容，反映评价对象的全部信息。由于深圳城市更新专项规划属于总体规则层面的专项规划，评价指标应简单、易懂，不宜过于求全求细，精练的指标不仅可突出重点、减少评价的时间，也使评价活动易于开展。

2）区分强制性与引导性

不同指标对评价对象的作用力、控制度是不同的。指标根据作用效果，可以分为强制性和引导性两类。其中，强制性指标应具有明显的控制性，是一种刚性指标；引导性指标则可以适当引导，是一种弹性指标。

合理区分强制性指标和引导性指标可以使评价更加科学、有效，更加真实地反映研究对象的差异性、可比性。

3）具有独立性

每个指标要内涵清晰、相对独立，同一层次的各指标间应尽量不重叠，相互间不存在因果关系。指标体系要层次分明，简明扼要。整个评价指标体系的构成必须紧紧围绕着评价目标层层展开，使最后的评价结论如实反映评价意图。

4）具有动态性

评价指标的选择和属性设置应具有动态性。指标应根据实际情况的变化及时调整内容及作用力，保持其对更新对象评价的价值。

7.2.2 指标体系构成

按照更新评价指标选取标准，结合城市更新的实际情况及内在规律，自上向下构建由目标层、要素层和指标层三个层次构成的深圳城市更新评价指标体系。在指标体系构建逻辑上，目标层与更新规划的目标相对应，综合反映更新评价在空间、经济、社会文化和生态四个方面所期望达到的目标。在四个目标层下，层层分解，分别形成要素层指标及指标层指标（图 7-1）。

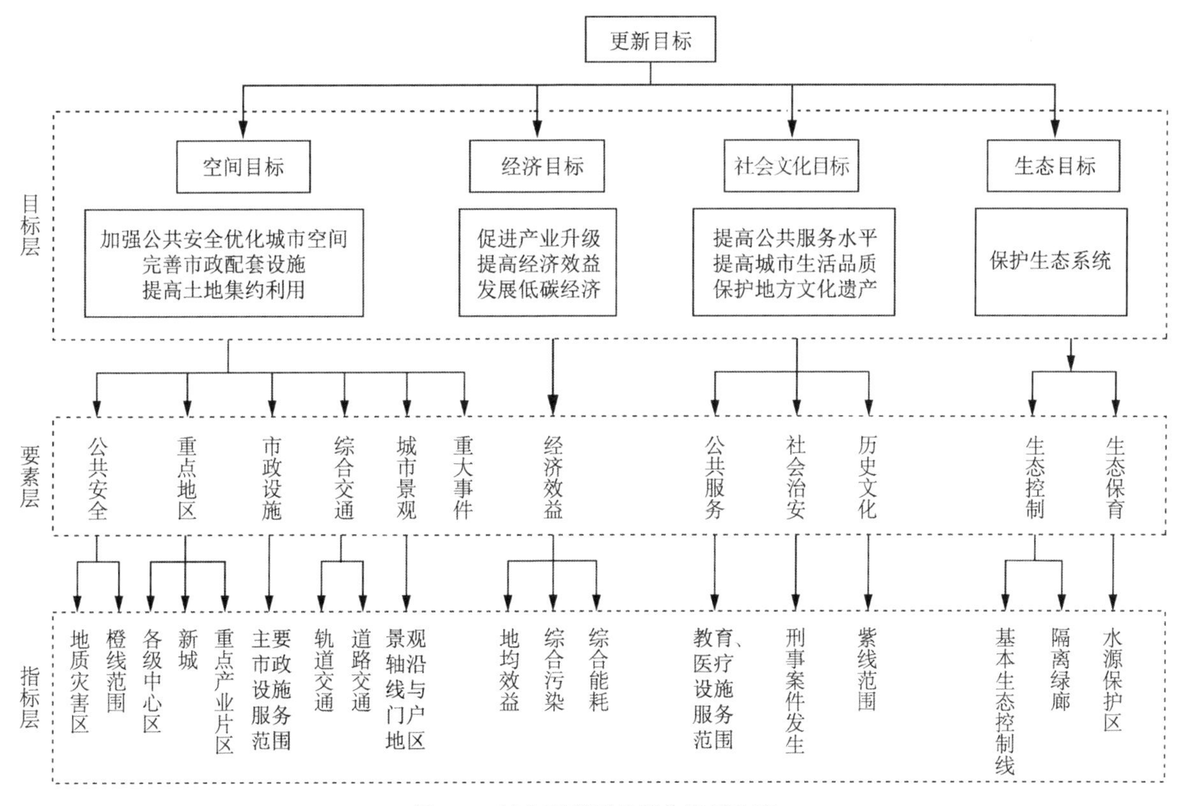

图 7-1　城市更新现状评价指标体系

从更新触媒角度分析，整个指标体系的构建与更新触媒中城市建设触媒、经济活动触媒和社会文化触媒的分类紧密相关。如要素层中的重点地区、综合交通、市政设施、城市景观等指标可以归为空间触媒；指标层中的地均效益、综合污染、综合能耗指标可以归纳为经济活动触媒；指标层中的教育、医疗设施服务范围和紫线范围指标可以归纳为社会文化触媒。

指标的选择及指标本身并不是静态的、一成不变的。随着现状条件发生变化，如一些突发事件的发生、城市发展政策的调整、重大项目的出现等，指标对更新对象的评价力度也可能发生变化，指标的构成及权重关系也可能产生相应的调整。因此，指标体系的构建并不是静止的，它本身也需要保持动态性、更新性，只有保持指标体系的持续性，才能真正发挥指标体系的评价价值。

7.2.3 指标权重评判

在已构建的指标体系中，不同指标对评价结果的贡献度是不同的。为了体现各个评价指标在评价指标体系中的作用以及重要程度，在指标体系确定后，必须给各指标赋予不同的权重系数。权重通常是以某种数量形式对比、权衡被评价事物总体中诸因素相对重要程度的量值，也可以通过一定的定性分类来达到对指标权重的评判与排序。合理确定权重对评价结果起到十分重要的作用，同一组指标，如果被赋予不同的权重系数，会产生截然不同的甚至相反的评价结论。

1）定性分析

定性分析是一种根据评价主体的经验对评价指标优先度、重要性的主观判断。根据指标对城市更新现状的评价控制力度，设定评判指标权重的定性标准——控制性指标与引导性指标，通过两种标准对指标体系中的所有指标进行评判分类（表 7-1）。

控制性指标是指评价指标对更新对象具有强性控制、刚性规定，包括公共安全、生态控制、生态保育三个方面。其中，公共安全包括地质灾害区和橙线范围；生态控制包括基本生态控制线和隔离绿廊；生态保育主要指水源保护区。控制性指标在更新评价中需要优先考虑。

引导性指标是指评价指标对更新对象具有引导性、软性规定，包括重点地区、综合交通、城市景观、市政设施、公共服务、经济效益、历史文化七个指标。其中，重点地区包括各级中心区、新城、重点产业片区；综合交通包括轨道交通和道路交通；经济效益包括地均效益、综合污染和综合能耗三个方面。考虑到指标体系的灵活性及突发事件的影响，增加重大事件作为一个机动指标。

2）定量分析

定性分析从主观经验出发，对指标权重进行判断，存在着一定的主

表 7-1　现状评价指标定性分析表

类型	要素	空间指标
控制性指标	公共安全	地质灾害区
		橙线范围
	生态控制	基本生态控制线
		隔离绿廊
	生态保育	水源保护区
引导性指标	重点地区	各级中心区、新城、重点产业片区
	综合交通	轨道交通
		道路交通
	城市景观	景观轴沿线与门户地区
	市政设施	主要市政设施服务范围
	公共服务	教育、医疗设施服务范围
	经济效益	综合污染
		地均效益
		综合能耗
	历史文化	紫线范围
	重大事件	—

观性。为了更加准确地反映指标间的权重关系，需要采用定量分析方法对指标权重进行数学分析。定量分析的方法很多，如层次分析法（Analytic Hierarchy Process，AHP）、模糊综合评判法、灰色综合评价法等。这里采用层次分析法对指标权重进行分析。

用 AHP 构造一个由总目标（Z）、目标层（A）、要素层（B）、指标层（C）组成的层次分析结构模型。首先，根据深圳城市更新改造总目标 Z，确定空间、经济、社会文化、生态四个目标层的权重。其次，根据每个目标层 A，确定每个目标层下要素层之间的权重。再次，根据每个要素层 B，确定每个要素层下指标层之间的权重。最后，自下而上确定每个指标在整个分析模型中的权重。在每次权重评判过程中，通过一致性检验，确定指标的权重权值。

参考定性分析中将评价指标分为控制性指标与引导性标准的分类，在定量分析中，不对控制性指标进行权重评判，直接划入同一类，属于强制性指标。引导性指标采用上述分析模型分别对目标层、要素层和指标层进行计算。

（1）目标层权重计算

根据相关政策及规划研究，参考定性分析中的主观判断，在利用 AHP 对指标的相对重要性进行判断时，引入九分位比例标度（表 7-2），并将四个目标建立两两判断矩阵 $\boldsymbol{A}=(a_{ij})_{n\times n}$。其中 a_{ij} 表示因素 i 和因素 j 相对于目标的重要值。

表 7-2 判断矩阵标度及其含义

序号	重要性等级	a_{ij} 赋值
1	i 和 j 两个元素同等重要	1
2	i 元素比 j 元素稍重要	3
3	i 元素比 j 元素明显重要	5
4	i 元素比 j 元素强烈重要	7
5	i 元素比 j 元素极端重要	9
6	i 元素比 j 元素稍不重要	1/3
7	i 元素比 j 元素明显不重要	1/5
8	i 元素比 j 元素强烈不重要	1/7
9	i 元素比 j 元素极端不重要	1/9

在判断矩阵 $\boldsymbol{A}$ 中，$a_{ij}>0$，$a_{ii}=1$，$a_{ij}=a_{ji}$（i，$j=1$，2，…，n）。因此，判断 $\boldsymbol{A}$ 是一个正交矩阵，左上至右下对角线位置上的元素为 1，其两侧对称位置上的元素互为倒数。每次判断后，只需要作$\frac{n(n-1)}{2}$次比较即可。

在因素两两比较打分之后，需要进行层次单排序计算，即计算判断矩阵的最大特征根及其特征向量。计算方法很多，如方根法、和法、特征根法、最小二乘法等，这里采用一种简单的方根法来计算，计算步骤如下：

①计算判断矩阵每一行元素的乘积 $M_i=\prod_{j=1}^{n} a_{ij}$（$i=1$，2，…，$n$）。

②计算 M_i 的 n 次方根 $\overline{W}_i=\sqrt[n]{M_i}$。

③对向量 $\boldsymbol{W}=[\overline{W}_1，\overline{W}_{2,}\ \overline{W}_n]^{\mathrm{T}}$归一化，$\boldsymbol{W}_i=\frac{\overline{W}_i}{\sum_{i=1}^{n}\overline{W}_i}$，$\boldsymbol{W}_i$ 即为指标权重。

④计算矩阵的最大特征根 $l_{\max}=\frac{1}{n}\sum_{i=1}^{n}\frac{(AW)_i}{W_i}$。其中（$AW$）$_i$ 表示向量 $\boldsymbol{AW}$ 的第 i 个元素计算结果，如表 7-3 所示。

表 7-3 目标层判断矩阵

目标层	A1	A2	A3
A1	1	3	3
A2	1/3	1	3
A3	1/3	1/3	1
单层权重	0.33	0.33	0.33

前文已建立了目标层的判断矩阵，并用判断矩阵计算了针对目标层之间的权重。但是为了度量不同阶数矩阵是否具有满意的一致性，各判断矩阵之间是否协调，并避免出现相互矛盾的结果，需要对构造的判断矩阵进行一致性检验。AHP 采用一致性比例 CR 来判断矩阵的一致性。$CR=\frac{CI}{RI}$，其中 $CI=\frac{l_{\max}-n}{n-1}$，为一致性指标；$RI$ 为平均随机一致性指标，对

于 1—9 阶判断矩阵，*RI* 的值分别位于表 7-4 中。当 *CR*<0.10 时，可以认为判断矩阵具有满意的一致性，否则就需要调整判断矩阵，最终达到一致。

表 7-4　平均随机一致性指标

1	2	3	4	5	6	7	8	9
0.00	0.00	0.58	0.90	1.12	1.24	1.32	1.41	1.45

基于上述分析，目标层的三个指标的权重为 0.59、0.26、0.16，最大特征根 l_{max}=3，*CI*=0，*RI*=0.58，*CR*=0，判断矩阵具有一致性。

（2）要素层权重计算

按照目标层权重计算方法，分别计算各个要素层对应每个目标层的权重，并进行排序。其中，空间目标层有四项要素，根据其重要性排序，分别得出四项要素的得分，分析结果如表 7-5 所示。经济目标层仅有一项要素，因此权重值默认为 1.00；社会文化目标层有公共服务和历史文化两项要素，两项要素权重相当，权重值为 0.50。

表 7-5　空间目标要素层判断矩阵

空间目标	B2	B3	B4	B5
B2	1	7	4	4
B3	1/7	1	1/4	1/4
B4	1/4	4	1	1/3
B5	1/4	4	3	1
单层权重	0.58	0.05	0.13	0.23

注：l_{max}=4.24；*CI*=0.08；*RI*=0.9；*CR*=0.09。

（3）指标层权重计算

按照目标层权重计算方法，分别计算各个指标层对应每个要素层的权重，要素层与指标层一一对应，则指标权重为 1。部分要素指标层的分析结果如表 7-6、表 7-7 所示。

表 7-6　综合交通要素层判断矩阵

综合交通	C5	C6
C5	1	5
C6	1/5	1
单层权重	0.83	0.17

注：l_{max}=2；*CI*=0；*RI*=0；*CR*=0。

表 7-7　经济效益要素层判断矩阵

经济效益	C8	C9	C10
C8	1	1/4	1/3
C9	4	1	3
C10	3	1/3	1
单层权重	0.12	0.61	0.27

注：l_{max}=3.07；CI=0.04；*RI*=0.58；*CR*=0.07。

（4）综合权重排序

经过上述各层次的权重计算，形成下一层对上一层的相对重要性或相对优劣的权重计算和排序。但最底层的指标层相对于总目标的权重排序还没有得出，这需要计算最底层即指标层相对于总目标的合成权重。将指标层所对应的各层指标权重依次相乘即得到合成权重。综合权重分析结果如表 7-8 所示。

表 7-8　各层指标权重及排序

目标层	权重	要素层	权重	指标层	权重	最终权重
空间目标 A1	0.33	重点地区 B2	0.58	各级中心区、新城、重点产业片区 C3	1.00	0.19
		市政设施 B3	0.05	主要市政设施服务范围 C4	1.00	0.02
		综合交通 B4	0.13	轨道交通 C5	0.83	0.04
				道路交通 C6	0.17	0.01
		城市景观 B5	0.23	景观轴沿线与门户地区 C7	1.00	0.08
经济目标 A2	0.33	经济效益 B6	1.00	综合污染 C8	0.12	0.04
				地均效益 C9	0.61	0.2
				综合能耗 C10	0.27	0.09
社会文化目标 A3	0.33	公共服务 B7	0.50	教育、医疗设施服务范围 C11	1.00	0.17
		历史文化 B8	0.50	紫线范围 C12	1.00	0.17

7.3　城市更新评价体系的空间识别

7.3.1　识别思路

城市更新空间识别是指从城市更新总目标出发，通过构建包括目标层、要素层和指标层三级逐步细分的更新空间评价体系，采取定性与定量相结合的分析方法，在全市范围内对需要实施城市更新的地区进行空间评价与分级识别。

因此，要在更新地区评判体系的基础上，结合定性分析中“控制性”和“引导性”两类指标标准，以及指标的定量权重分析，运用 GIS 技术进行空间叠加分析以识别出更新地区，并把其划分为控制发展地区和引导更新地区两大类，同时进一步对引导更新地区进行分级（图 7-2）。

7.3.2　控制发展地区识别

加强城市公共安全，维护生态敏感性，建设绿色空间，是深圳实现“低碳城市、生态城市、绿色城市”发展目标的重要措施，也体现了以人为本的城市发展理念。选择控制性指标中能够量化、有具体空间边界、具

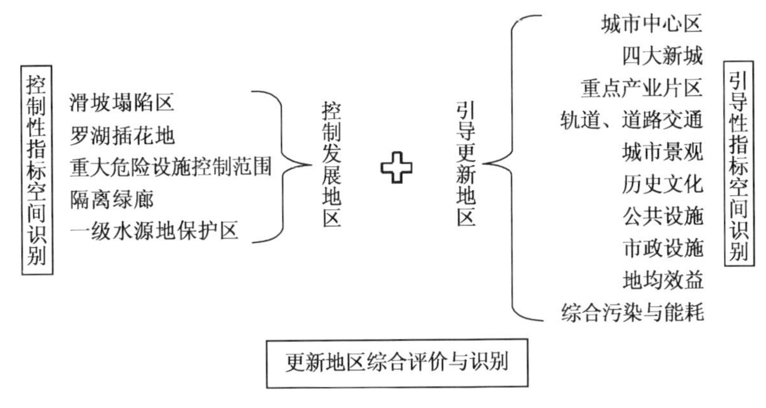

图 7-2　城市更新地区空间识别思路

有可操作性的若干指标，并分别对它们进行评判，然后通过空间上的直接叠加识别出控制发展地区。分别识别的指标主要包括属于地质灾害区的滑坡塌陷区和罗湖插花地、重大危险设施控制范围、隔离绿廊、一级水源保护区。

1）公共安全

（1）地质灾害区

城市地质环境是城市生存发展的基础，也是生命安全的保障。历史证明，忽视地质环境进行的盲目建设最终会对城市发展和人们的生命与财产造成巨大损失。因此，应首先对全市域范围的地质条件进行综合评估，根据地质灾害的分级程度，把具有严重地质灾害的建成区作为强制更新改造的地区。

深圳市常见的地质灾害类型为斜坡类地质灾害（包括崩塌、滑坡、泥石流）、地面变形地质灾害（主要是岩溶塌陷）、海岸带地质灾害（包括特殊岩土和地下水咸化）等。根据相关基础资料，按斜坡类和岩溶塌陷的地质灾害的易发程度进行分级，全市具体又可分为斜坡类地质灾害高易发区、斜坡类地质灾害中易发区、斜坡类地质灾害低易发区、斜坡类地质灾害不易发区、岩溶塌陷地质灾害高易发区、岩溶塌陷地质灾害中易发区（图 7-3）。其中，属于地质灾害易发区的区域面积高达 1 258 km^2，占全市面积的 63%，除了西南部、东部的部分地区外，几乎全市的用地都具有不同程度的地质灾害隐患。而且，深圳的地质灾害中 90% 以上是由滑坡造成的，较大危害的灾害事件几乎全部为滑坡，如深圳龙岗区布吉街道木棉湾社区、宝安区龙华镇民治村螺余坑的山体滑坡事件等。因此，全市建成区内的严重滑坡塌陷区是城市更新改造应重点控制发展的地区。

滑坡塌陷区主要是指斜坡上的土体或岩体，受河流冲刷、人工切坡等因素的影响而顺坡向下滑动的自然现象。在靠近山体的城市建成区由于强降雨、人为挖山等原因会导致滑坡、塌陷的发生，对城市环境及人身安全产生巨大的破坏。《深圳市城市总体规划（2010—2020 年）》根据地质灾害的现状及发展趋势，划分了全市主要的滑坡、塌陷分布区。

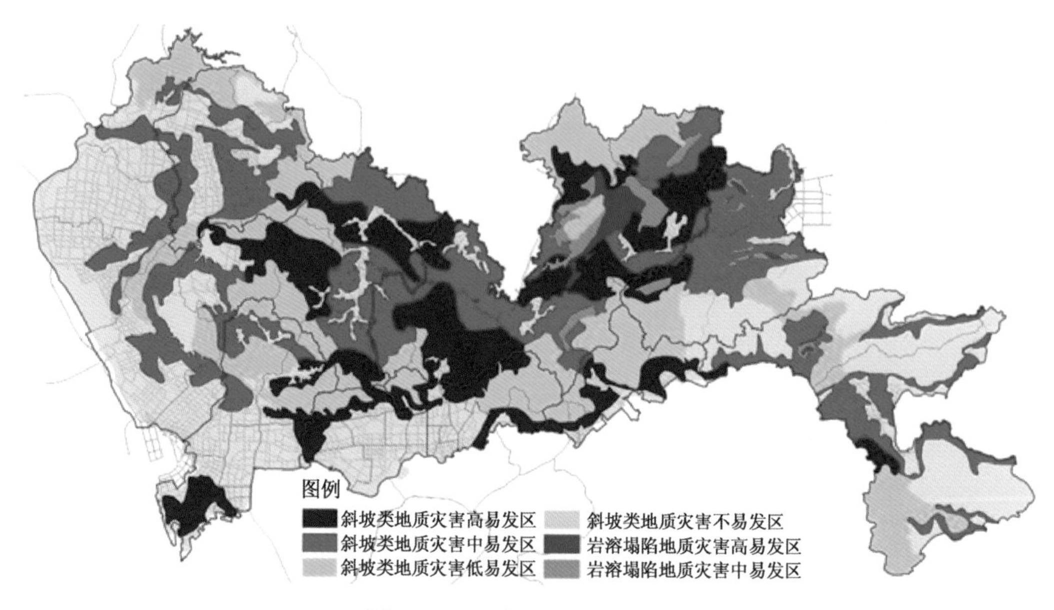

图 7-3 深圳全市地质灾害分区

其中，罗湖、龙岗二线“插花地”属于较为严重的滑坡塌陷区。该地区主要地质灾害表现为由于边坡失稳形成的崩塌、滑坡和挡墙倒塌。该地区由于地面沉降和地表裂隙较为发育，在建设时缺少必要的规划和技术支撑，导致地质灾害和危险挡土墙隐患严重，被《广东省 2012 年度地质灾害防治方案》列为唯一一处特大型地质灾害隐患。随着区域内的建设强度逐步提高，该地区形成了目前南缘起墙、北缘切山、内瓤呈阶梯状的地貌形态，由原始缓变地形转变为现状阶梯内平坦、阶梯间急剧转折的形态，从而形成了现有的危险边坡和挡土墙等地质安全隐患。此外，“插花地”内部分地区建筑过于密集，建筑与边坡和挡土墙联系紧密，难以查清及采取有效的工程措施进行治理，加上人口密集，一旦发生灾害将会造成重大人员和财产损失。

（2）橙线范围

城市橙线是指为降低城市重大危险设施的风险水平，对重大危险设施周边区域的土地利用和建设活动进行引导或限制的安全防护范围的控制界线。“橙线”作为一种空间管制手段，是对现有危险品行业管理和技术水平的重要补充，它将“安全第一，预防为主”的方针落实到城市规划阶段，将相关安全要求落实到空间上，是提高重大危险设施及周边影响区域安全保障水平的重要手段。

重大危险源分为点、线、面三种类型，根据《危险化学品重大危险源辨识》（GB 18218—2018）和相关安全评价报告的初步判断，重大危险源涉及的城市设施和场所有超高压油气管道及附属设施、危险品仓储区、燃气储备站、气化站、加油加气站、化工厂、水厂等（安监局基本认可）。《深圳市橙线规划》对全市重大危险设施进行了分类，主要包括核电站、十项面状重大危险设施（妈湾油气仓储区、赤湾油气仓储区等）、两类线状重大危险源［成品油管道和液化天然气（Liquefied Natural Gas，LNG）管道］。

橙线范围（即重大危险设施的安全防护范围）分为控制区、限制区和协调区三类。控制区是为了加强对较易受场地外力影响的危险设施的保护，在限制区范围内紧邻危险设施的一定范围内还要划定控制区，这个区域内的建设活动要受到严格禁止或限制，防止外围活动对设施安全运行造成影响。限制区是由不可接受的事故影响范围所组成的，对这个区域内的开发建设应进行引导和限制，以达到保障危险设施与周边建筑安全间距的目的。在限制区，除了要考虑事故对周边地区的影响外，还应考虑外围活动对设施自身的安全影响。协调区是对所处环境比较特殊（如山谷等）或受外力影响较大的危险设施，为预防限制区外围一定区域内如爆炸、开山采石、破坏原貌地貌等活动可能对其造成威胁所划定的区域。在这一区域应尽量避免破坏力大的活动，确需进行此类活动，应当事先采取一定安全措施后方可进行。根据橙线划定范围重要程度的分类规定，把橙线的控制区内作为控制发展地区空间识别的一个指标。

2）生态控制

（1）基本生态控制线

2005 年深圳市在全市范围划定基本生态控制线，并制定了《深圳市基本生态控制线管理规定》。基本生态控制线的范围包括：一级水源保护区、风景名胜区、自然保护区、集中成片的基本农田保护区、森林及郊野公园；坡度大于 25% 的山地、林地以及经济特区内海拔超过 50 m、经济特区外海拔超过 80 m 的高地；主干河流、水库及湿地；维护生态系统完整性的生态廊道和绿地；岛屿和具有生态保护价值的海滨陆域；其他需要进行基本生态控制的区域。

根据《深圳市基本生态控制线管理规定》，除了重大道路交通设施、市政公用设施、旅游设施、公园四类情形外，禁止在基本生态控制线范围内进行建设。对于基本生态控制线内已建的合法建筑物、构筑物，不得擅自改建和扩建。基本生态控制线范围内的原农村居民点应依据有关规划制定搬迁方案，逐步实施。确需在原址改造的，应制定改造专项规划，经市规划主管部门会同有关部门审核公示后，报市政府批准。

（2）隔离绿廊（大型城市绿廊）

按照建设生态城市和国际化城市的统一要求，根据深圳实际情况，《深圳市城市总体规划（2010—2020 年）》在全市规划建设由“区域绿地—生态廊道体系—城市绿地”组成的市域绿地系统，保护城市绿色开敞空间，优化城市绿地布局结构，提高绿地配置和养护水平，丰富城市景观，改善城市环境质量，实现城市人居环境和生态环境的明显改善。区域绿地的主体是各类天然、人工植被以及各类水体和湿地，在全市的生态系统中承担着大型生物栖息地的功能；生态廊道体系是城市绿地系统形成有效网络的重要组成部分和关键因素之一，主要由城市大型绿廊、道路廊道和河流水系廊道组成;城市绿地系统则是指由包括公共绿地、附属绿地、生产防护绿地、高尔夫球场绿地以及旅游绿地在内的城市各项绿地所构成的一个绿色开敞空间网络，属于城市建设用地。区域绿地和生态廊道体系大部分位于基本生态控制线内。

其中,大型城市绿廊（隔离绿廊）连接各大区域绿地和各类生态系统，承担市域组团隔离带和大型生物通道的功能，有利于控制建设用地蔓延，优化城市空间发展形态，同时，为野生动物迁徙、筑巢、觅食、繁殖提供空间，沟通山地生态系统和海岸生态系统；另外，作为大型通风走廊，通过将凉爽的海风与清新的空气引入城市，可进一步改善城市空气污染状况、缓解热岛效应，并和全市的河流水系廊道以及建成区内外的绿色道路廊道一起构成全市的生态廊道体系的主体。然而，在城市快速发展中，大型城市绿廊（隔离绿廊）被城中村、工业区等各种各样的建设侵占，严重破坏了绿廊的生态功能，削弱了绿廊应有的生态保护与生态隔离作用。

结合城市更新的目的与要求，以及市域生态与绿地系统的特点和现状保护情况，本书选择生态廊道中的大型城市绿廊作为城市更新中需要控制发展的地区之一。根据深圳资源特点，大型城市绿廊主要包括以下用地类型：部分基本农田保护区和土壤侵蚀防护区、旅游度假区、重大基础设施隔离带、大规模的自然灾害防护绿地和公害防护绿地、自然灾害敏感区。依据城市非建设用地分布和城市组团建设要求，《深圳市城市总体规划（2010—2020年）》在全市范围规划建设公明一松岗大型城市绿廊、福永大型城市绿廊、西乡大型城市绿廊等16条绿廊。

综上所述，大型城市绿廊实际上在城市中起着隔离城市与生态地区的作用，本书把这16条绿廊作为生态控制中的隔离绿廊。

3）生态保育

生态保育方面选取了水源保护区作为其空间落实的指标。根据《深圳市人民政府关于调整深圳市生活饮用水地表水源保护区的通知》，下列水库被划分为饮用水源保护区：观澜河流域、深圳水库—东深供水渠流域、铁岗水库—石岩水库、西丽水库、长岭皮水库、梅林水库、茜坑水库、松子坑水库、赤坳水库、清林径水库—黄龙湖水库、径心水库、三洲田水库、铜锣径水库、甘坑水库、枫木浪水库、龙口水库、打马坜水库、红花岭水库、大山陂水库—矿山水库、黄竹坑水库、岗头水库、炳坑水库、罗屋田水库、白石塘水库、罗田水库、长流陂水库、鹅颈水库。此外，该通知还对各类饮用水源保护区的具体范围进行了划定，主要包括一级水源保护区、二级水源保护区、准水源保护区。

此外，根据《深圳市蓝线规划（2007—2020年）》，深圳市城市蓝线是城市规划确定的河、湖、库、渠、湿地、滞洪区等城市河流水系和水源工程保护和控制的地域界线，以及因河道整治、河道绿化、河道生态景观建设等需要而划定的规划保留区。蓝线划定包含了河道、水库（湖泊）、滞洪区和湿地（包括公园湿地）、大型排水渠、原水管渠五大类。其中，对已划定为水源保护区的水库，蓝线划定标准为一级水源保护线。在城市蓝线内禁止进行下列活动：违反城市蓝线保护和控制要求的建设活动；从事与蓝线规划要求不符的活动；擅自填埋、占用城市蓝线范围；破坏河流水系与水体、水源工程，从事与防洪排涝、水源工程保护要求不相符合的活动；影响蓝线保护范围内设施安全的爆破、采石、取土活动；擅自建设各类排污设施；擅自建设与河道防洪滞洪、湿地保护、水源工程安全无关的各类建筑物、构筑物；其他对城市蓝线保护与控制构成破坏的活动；其他违反法律法规强制性规定的活动。对不符合蓝线规划要求，影响防洪抢险、除涝排水、引洪畅通、水源保护以及影响城市河道景观的建筑物、构筑物及其他设施，应当限期整改或者拆除。

因此，以一级水源保护区作为城市更新控制发展地区的空间划定指标之一，对其范围内不符合《城市蓝线管理办法》《深圳经济特区河道管理条例》《深圳经济特区饮用水源保护条例》和《深圳市蓝线规划（2007—2020 年）》的建筑物进行更新改造。

4）综合识别

把涉及公共安全方面的滑坡塌陷区、罗湖插花地（下文不再详述）、橙线控制区，生态控制方面的大型城市隔离绿廊，生态保育方面的一级水源保护区五项具体控制性指标进行空间叠加，形成控制发展地区。控制发展地区是维护城市公共安全、促进城市生态功能改善的地区。在此类地区，应严格控制各种形式的开发建设（图 7-4）。

（1）滑坡塌陷区

滑坡塌陷这些危险点多分布在城市建成区内，对城市公共安全造成了很大影响，由于建设集中无序和人口密集，成为近期需重点治理的地质灾害地区。一方面，应严格按照有关规定进行地质灾害危险性评估，在政府引导下进行搬迁、拆除；另一方面，应加强开发建设初期地质灾害防治意识，对地质基础设施工程进行加固，改善生存环境，对开发建设过程中形成的人工边坡按规范治理，降低人为诱发地质灾害的概率。

（2）橙线控制区

橙线控制区内除道路交通和市政公用设施外，禁止其他项目进行建设；允许建设的项目应制定重大危险设施保护方案并按规定严格执行。

（3）大型城市隔离绿廊

隔离绿廊是城市地区之间重要的生态呼吸通道，不但承担大型生物通道的功能，而且还是城市大型通风走廊，是全市生态廊道体系的主体之一。因此，应对其实行长久性严格保护和限制开发，严禁毁林种果、开垦烧荒、违法占地和违法建筑等任何改变现状土地用途和建设项目安排的活动；除了园地、林地、水域、基本农田保护区、重大基础设施隔离带、自然灾害敏感区、湿地和人工湿地等土地用途可以兼容，对其范

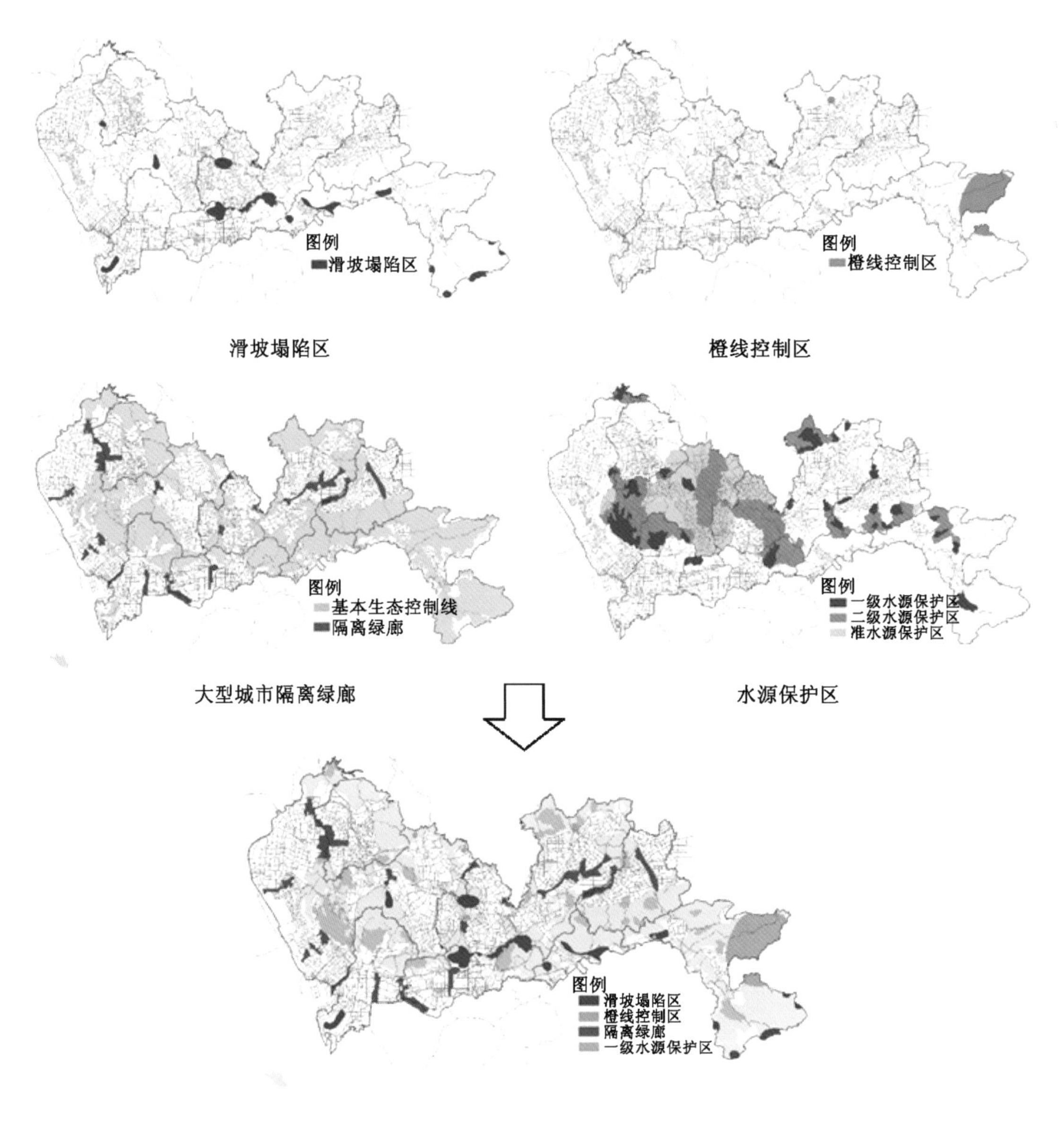

图 7-4　控制发展地区

围内的违法建筑应在政府主导下进行清理，恢复其生态功能。

（4）一级水源保护区

一级水源保护区关系到全市居民日常生活用水的民生问题，应加强各级执法监管的力度。规划、国土、环保、水务等相关行政主管部门应严格按照《深圳经济特区饮用水源保护条例》的规定对位于一级水源保护区的建设进行控制和引导，运用行政和经济手段对违反规定的行为要坚决惩处，在政府主导下有计划地进行用地清退，并尽快推进生态环境恢复工程，既要保证水源水库的水质不受污染，又要合理地利用宝贵的土地资源。

7.3.3 引导更新地区识别

1）重点地区

重点地区是围绕城市发展目标，根据城市总体空间布局、功能结构、产业发展所确定的未来发展重点地区，是规划引导作用的空间体现。在深圳土地资源日益紧缺的背景下，这些重点地区承担着城市诸多重要功能，优先加快此类地区的城市更新，对保障深圳空间规划建设具有重大意义。重点地区主要包括三级城市中心、自贸区以及重点区域。

（1）三级城市中心

《深圳市城市总体规划（2010—2020年）》规划全市形成“市级中心—副中心—组团中心”的三级城市中心体系。市级中心是全市的金融、商贸、信息、文化和行政等综合中心，因其巨大的规模效应，也将成为具有区域影响力的综合服务中心地；副中心承担所在城市分区的综合服务职能，发展部分市级和区域性的专项服务职能，带动地区整体发展；组团中心是城市组团的综合服务中心，除作为组织社区生活与服务的重要单元外，部分组团中心也可承担更大范围的专业服务功能。

2个城市主中心：福田—罗湖中心和前海中心。在强化福田—罗湖中心对全市综合服务功能的基础上，推进前海中心的建设。前海中心积极承接区域性高端服务业的转移，构筑区域性高端服务业集聚区，逐步形成发展有序、功能互补、区域辐射功能强大的双中心结构。

5个城市副中心：龙岗中心、龙华中心、光明新城中心、坪山新城中心、盐田中心。城市副中心承担所在城市分区的综合服务职能，发展部分市级和区域性的专项服务职能，带动地区整体发展。

8个城市组团中心：航空城、沙井、松岗、观澜、平湖、布吉、横岗、葵涌。这8处分别作为各城市功能组团的综合服务中心，发挥组团级的服务功能。

（2）自贸区及重点区域

深圳市“十三五”规划确定的重点片区（包括福田保税区、梅林—彩田片区、笋岗—清水河片区、深圳湾超级总部基地、留仙洞总部基地、市高新区北区、盐田河临港产业带、宝安中心区、空港新城、平湖金融与现代服务业基地、大运新城、坂雪岗科技城、国际低碳城、深圳北站商务中心区、坪山中心区、光明凤凰城、深圳国际生物谷坝光核心启动区等）是深圳打造区域新增长极的重点地区。

中国（广东）自由贸易试验区深圳前海蛇口片区于2015年4月27日挂牌成立，借助深圳市场化、法治化和国际化的优势与经验，发挥21世纪海上丝绸之路支点作用，整合深港两地资源，集聚全球高端要素，重点发展金融、现代物流、信息服务、科技服务和专业服务、港口服务、航运服务和其他战略性新兴服务业，推进深港经济融合发展，打造亚太地区重要生产性服务业中心、世界服务贸易重要基地和国际性枢纽港。

2）综合交通

城市交通系统与城市土地利用有着密不可分的内在联系，二者相互影响、相互促动。城市土地利用活动刺激人的交通需求，并不断增加交通系统的负荷；交通系统不仅用以实现人和物的流动，并且通过对用地可达性的改变，影响和调整城市土地发展模式。在城市交通系统中，大容量快速轨道交通以及区域之间高效的道路网络，对城市土地利用的影响最为深刻。

（1）轨道交通

轨道交通的建成大大改变沿线土地的可达性，使城市交通区位发生重构，产生人工廊道效应，并且它对城市土地利用的影响侧重于廊道的场效应。这种效应随着距中心距离的增加而逐渐衰减，使城市地价由中心向外递减，从而引起城市土地的效益潜力下降，各类城市用地的比例和强度也随之发生变化。相关研究表明，轨道站点地区的土地利用情况受轨道交通线的影响最大。为了研究方便，可将轨道站点的影响区域确定在以站点为圆心的圆圈内（在实际中，因路径通畅程度的不同使站点地区的影响边界并不规则）。一般地，乘客到轨道交通站点的合理步行时间内所行走的距离范围是轨道站点对土地利用影响最为直接和强烈的区域。结合已有研究成果，根据步行速度、体力以及我国实际情况等多种因素综合考虑，合理步行区的半径为 500 m，相应步行时间约为 10 分钟。根据廊道效应，在此范围内的地价最高，对商业和大型公建设施的吸引力较强。因此，以站点为圆心，500 m 范围内的旧改用地将随着轨道站点的建成而被承租能力高的商业用地或大型公建设施用地所替代，是规划期内优先进行改造的用地。

分别以现状和规划期内拟开工建设的 1—12 号线、16 号线的站点（设为半径为 10 m 的圆）为圆心，以 500 m 为半径（以站点的圆边为起点）做缓冲区，其缓冲区范围作为引导更新地区识别的一个因子。

（2）道路交通

道路交通对更新改造的影响主要包括道路建设所引起拆迁的刚性影响，以及道路建成后由于交通通达性提高，周边地区区位改善，从而使土地利用改变而带来更新改造。根据相关研究，区域性的道路交通对周边的土地利用影响较大，且道路两侧 200 m 范围内最大、最直接；同时，区域性的道路交通条件对工业吸引和用地分布影响较大，而对以宅基地为主的城中村吸引作用较小。另外，建成后的高速公路由于封闭通行的特点，对周边工业、居住等城市建设用地的影响较开放式的区域道路要小。对于改造用地而言，高速公路主要是其建设必须进行拆迁的刚性影响。

因此，为了方便研究，对现状未建而到 2025 年规划建设的高速路、快速路、干线性主干道的道路中心线做 200 m 的缓冲区，在此范围内的工业用地、城中村将因道路建设而进行拆迁；对已建的快速路、干线性主干道的道路中心线做 200 m 的缓冲区，在此范围内的工业用地（根据所处的具体位置，结合规划进行升级改造或改变性质）、城中村（主要是旧村与新旧村混杂用地）将受已建道路所带来的经济等影响而进行更新改造。

3）城市景观

归纳总结出全市重要的景观轴线、门户地区等城市景观要素，并在空间上予以落实，作为引导更新地区的评价指标。

（1）景观轴沿线

参考《深圳市城市总体规划（2010—2020年）》，梳理出全市的城市综合功能景观轴有五条。城市中轴线：该轴线以福田中心区为核心，向北连接莲花山、大脑壳山，通往龙华新城，向南连接皇岗村、深圳河、福田口岸。深南大道景观轴：该轴线是东西向贯穿经济特区的景观主序列，串联罗湖区、福田区、南山区内各种类型的重要城市功能场所，包括人民南商业中心、蔡屋围、华强北、福田中心区、香蜜湖、华侨城、前海等，中间以多条绿化隔离带相隔。西部滨海景观轴：以宝安大道和松白路为轴，联系宝安中心区、机场地区、福永、沙井、松岗、公明街道及光明新城中心区。西部滨海分区的特点是被城市郊野公园和滨海岸线包围，由山海生态廊道有序间隔，由宝安、机场、福永、沙井、松岗和公明—光明五个意象明确的地区串联而成半围合状形态。中部分区景观轴：以轨道4号线为轴，联系观澜、平湖、龙华、布吉中心区。中部分区空间形态定位为“屏山腹地的绿核之城”，即以城市山体为前景，以生态廊道为间隔，由龙华北站商务区、龙华老中心、观澜、平湖和布吉五个意象明确的地区环绕中央公园而形成围合式空间形态。东部分区景观轴：以轨道3号线和深惠路为轴，联系大运新城、龙岗中心城、龙岗老城区和坪山新城中心。

考虑到指标空间落实的要求，本书针对道路形式的景观轴进行空间分析，即主要分析深南大道、宝安大道、深惠路作为城市景观轴对城市更新的影响。深南大道断面宽度为140—150 m；宝安大道断面宽度约为100 m；深惠路断面宽度约为120 m。根据实测距离，道路中心线至道路外延第一条较小城市道路的距离为180—250 m，结合《深圳市城市设计标准与准则》中关于自然景观资源相邻地区的控制范围（200 —500 m、500—1 000 m、200—1 000 m三个区间），取下限值200 m作为宝安大道与深惠路的单向辐射距离，深南大道由于界面较宽，重要程度相对较高，适当放宽景观辐射距离至500 m。以此分别做三条景观轴线道路的缓冲区，在缓冲区范围内的“三旧”对象应根据城市景观设计要求进行更新改造。

（2）门户地区

选取沙头角、莲塘、罗湖、文锦渡、福田、皇岗、深圳湾七个陆路口岸和福永机场作为城市景观门户地区。参考《深圳市城市设计标准与准则》关于自然景观资源相邻地区控制范围的规定，考虑到口岸地区作为深港连接和深圳对外联系的重要窗口，且其本身占地亦较大，取 2 000 m 作为机场地区的影响范围，1 000 m 为其他门户地区的影响范围。

4）市政设施

市政设施包括供水、供电、给排水、燃气等多个方面。对于城市更新来说，大型市政设施，如发电站、污水处理厂等，需要占用较大规模的用地，根据其选址，在前期的土地整备中会涉及部分拆迁；其他基础性的配套设施，如垃圾回收站、消防站等，在城市更新方面，更多是根据设施的服务人口和服务半径来确定地区是否需要通过增加设施来完善相应的配套功能。

从居民生活卫生和安全的角度出发，选取垃圾回收站和消防站作为市政基础设施方面空间落实的两个因子。通过分析垃圾回收站和消防站的现状服务半径，发现垃圾回收站的服务范围基本覆盖全市建成区，消防站的服务范围则比较有限，尤其在经济特区外较大面积的建成区没有被消防站的服务范围所覆盖，存在着一定的安全隐患。这些未被市政设施覆盖的地区应通过城市更新来完成片区的配套服务。

5）公共服务

公共服务方面选取公共服务设施作为其空间落实的指标。公共服务设施包括学校、医院、文化、行政办公等多个方面。与市政设施相类似，较大规模的公共服务设施，如歌剧院、博物馆等，在建设前期可能会涉及部分拆迁的城市更新内容;而学校、医院等其他相对小型的民生类设施，主要依据地区的人口规模与设施服务半径来配套，以完善片区配套的城市功能。

公共服务设施在城市土地利用分类上主要指政府社团用地（Government and Community Land，GIC），其中教育设施、医疗设施与人们的日常生活关系最为密切,属于民生类的公共服务设施。选取小学、中学、医院作为该指标空间落实的因子，以《深圳市城市设计标准与准则》为依据，分别计算现状小学、中学、医院的服务人口与服务半径，然后与人口密度、建筑密度进行叠加分析，得出尚缺乏小学、中学、医院的地区。

6）经济效益

经济效益是评价地区活力的重要指标之一，尤其是对于工业区而言，若经济效益低下则导致土地价值无法充分体现，从集约、高效的土地利用目标来看，这类工业用地需要采取一定的手段来提升经济效益。以全市工业区信息普查为基础，主要考虑收益、环境和能耗三个方面，以反映全市工业用地的经济效益情况。

（1）地均效益

地均效益是指工业区内单位工业用地的营业收入，是工业区经济效益的主要指标之一，反映了工业区单位用地的经济产出情况。2016 年，全市平均地均营业收入为 42 亿元 /km^2。以全市平均地均销售额为标准将全市工业区划分四个等级，将地均效益低于经济特区外水平的工业区作为需要改造的旧工业区对象。全市共有 3 881 个工业区，其中 3 256 个工业区的地均效益低于经济特区外水平，占到了全市工业区总数的 84%，工业用地占到全市工业用地总规模的 76%。这些工业区主要分布在松岗、观澜、大鹏、横岗、龙城、龙岗、南澳、坪山、坑梓、光明、公明、平湖、坪地等街道。

（2）综合污染

综合污染指标包括工业废气排放量、化学需氧量、废水排放量等因子，主要针对旧工业区的污染情况进行评价分析。通过 GIS 密度分析工业区的综合污染空间分布情况，将含有任意一个污染因子的旧工业区作为需要改造的对象。有废气排放的旧工业区主要集中在沙井地区、宝龙—碧岭工业区，以通信电子行业为主；有化学需氧量排放的工业区，主要集中在沙井、松岗地区，以金属制品业、通信电子制造业为主；有废水排放的工业区比较广泛，分布在福永、沙井地区和彩田工业区等，以金属制品业、通信电子制造业为主。

（3）综合能耗

用万元销售额用水、用电量来评价工业区能耗与经济产出的比例，具体是指每万元销售额的用水量或用电量。以万元销售额用电量、用水量作为评定工业区综合能耗的两个指标，以全市、经济特区内外工业区平均万元销售额用水量、万元销售额用电量为标准将全市普查工业区划分为四个等级，将高于经济特区外平均水平的工业区作为综合能耗较高的工业区。高能耗的工业区对城市资源、能源造成了一定压力，少数工业区内存在需要重点监管污染企业，其产业类型、生产工艺、环保技术均有待提升。

7）历史文化

历史文化方面的空间指标主要通过"紫线"来落实。城市紫线是指文物保护单位、历史文化街区、优秀历史建筑等历史文化遗产需要保护和控制的地域界线，包括保护范围、建设控制地带两个层次。保护范围是指紫线划定对象的绝对保护区，建设控制地带是指在保护范围周围划出的可以有控制地进行建设的地带。《深圳市紫线规划》确定的紫线是历史文化遗产保护的空间范围，在城市更新中应加强引导和保护，属于紫线保护范围内的原则上不应开展拆除重建类更新，鼓励通过综合整治等方式加强历史文化遗产的活化与利用；紫线建设控制地带范围内优先开展以综合整治为主的复合式更新，如确有拆除重建必要，则需要与紫线的历史风貌要求相协调。

8）综合识别

城市的发展并不是一个均衡发展的过程，在城市发展过程中总是先从一些重要的点或区域开始，然后逐渐带动周围地区乃至整个城市的发展。这些点或区域就是触发城市更新的"媒介"，不仅是城市空间上的重点地区，也是城市发展政策、市场活力最强的地区，同时也是触发城市更新活动的有效触媒。

引导更新地区识别涉及七类指标，即重点地区、综合交通、城市景观、市政设施、公共服务、经济效益、历史文化。其中，市政设施和公共服务的指标反映了地区潜在需要更新改造的可能性，因为缺乏设施的地区还可以通过新增用地来新建设施，这只是城市建设和功能完善的过程，并不能以此判定该地区必须进行城市更新，因此其只能作为对引导更新地区空间调校的辅助指标。经济效益指标也存在类似的情况，因为经济效益方面更多是属于经营管理方面的内容，而且主要是针对全市工业区，辅助引导更新地区的空间调校。历史文化指标反映在空间上就是紫线范围，属于城市开发建设的控制线之一，由于所对应更新对象的特殊性，该指标作为直接叠加的空间指标。此外，因大项目带动或政府近期重点关注并要求加快推进的地区，属于“突发性的重大事件”指标，这些地区也应直接纳入引导更新地区（图 7-5）。

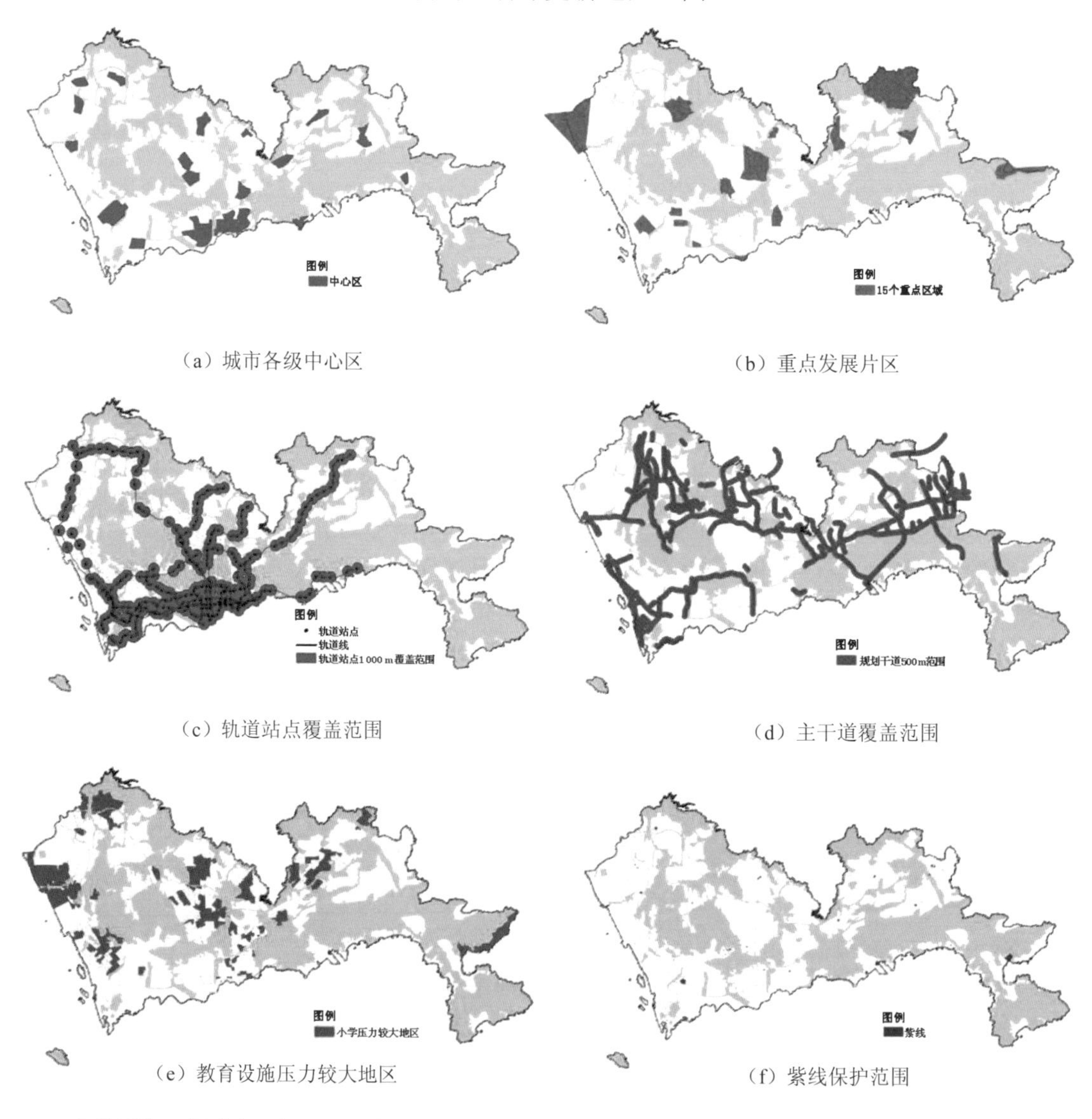

（a）城市各级中心区

（b）重点发展片区

（c）轨道站点覆盖范围

（d）主干道覆盖范围

（e）教育设施压力较大地区

（f）紫线保护范围

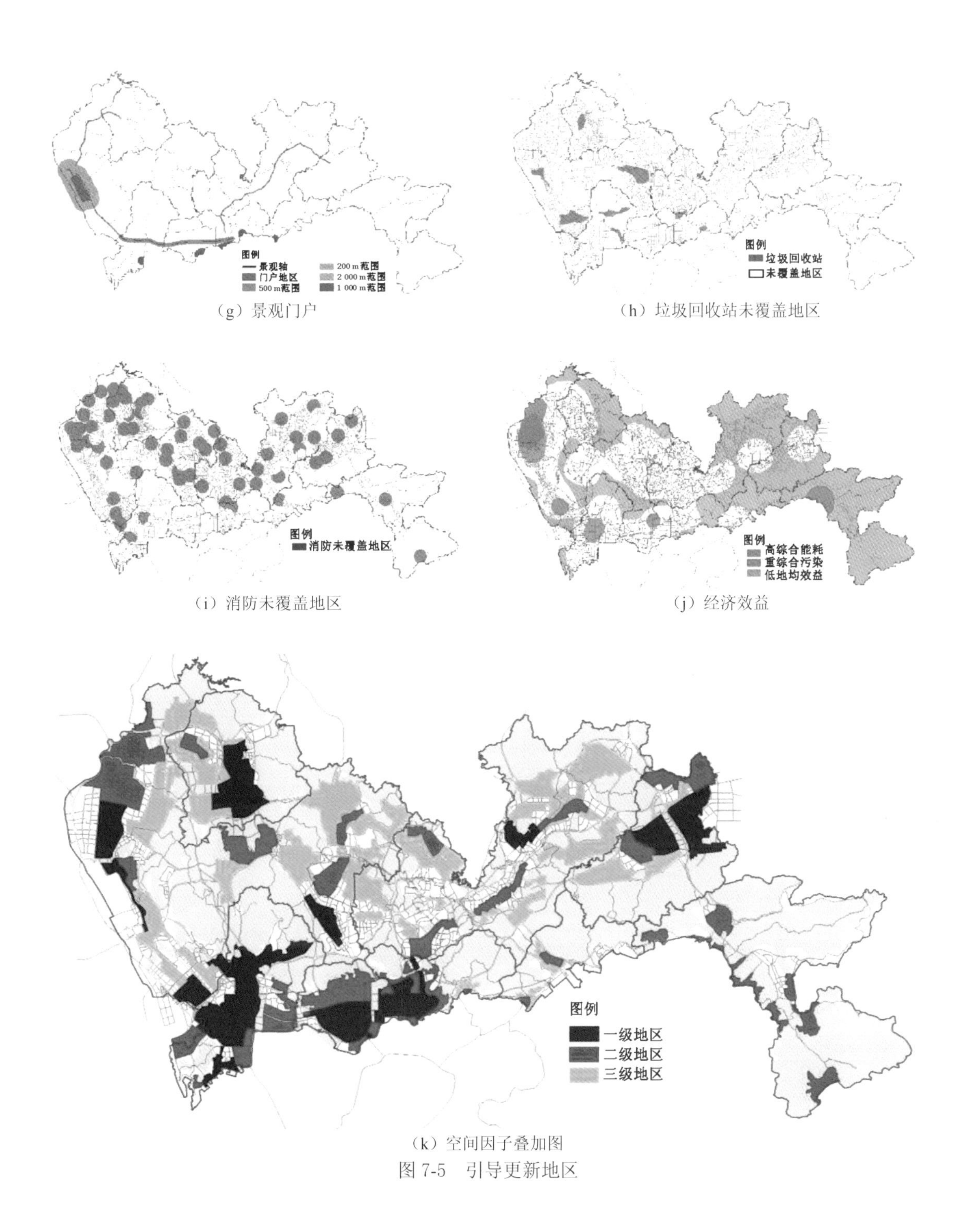

（g）景观门户

（h）垃圾回收站未覆盖地区

（i）消防未覆盖地区

（j）经济效益

（k）空间因子叠加图

图 7-5　引导更新地区

综上所述，对上述指标对应的空间因子进行叠加和综合调校得出引导更新地区，然后根据地区的空间得分对引导更新地区进行分级。引导更新地区依据其重要程度可划分为三级（表 7-9）。要结合城市发展的定位和要求，引导各级地区内的更新对象进行更新改造。

表 7-9　各级引导更新地区的权重得分

地区分级	权重值
一级地区	0.7 分以上
二级地区	0.4—0.6 分
三级地区	0—0.3 分

（1）一级地区

一级地区是指区位与交通条件良好、土地价值提升潜力大、现代服务业功能集中、政府集中优势资源进行重点建设和管理、对区域发展具有重要带动作用的地区。其主要包括福田—罗湖中心区、南山—宝安中心区、龙岗副中心区、光明新城、龙华新城、坪山新城、航空城。通过更新来优化调整城市空间结构，强化城市综合性服务功能，推动城市化深度发展；发挥交通优势促进土地高强度集约发展；振兴老城区活力，复兴地方特色文化。

（2）二级地区

二级地区是指位于组团中心、主要交通节点的地区及重点项目带动的产业片区。其主要包括盐田副中心，布吉、横岗、龙岗、坪山、葵涌、沙井、松岗、公明、观澜、平湖等组团中心，以及航空城外围地区、坪山汽车城、东部滨海地区。这些地区近期发展迅速，需要通过更新来优化调整中心城区的功能结构，改变用地结构不合理的情况；加强公共配套设施建设，结合地区产业特色培育发展综合性服务业；改善居住环境，加强社会管理，提升城区建设水平。

（3）三级地区

三级地区为各级中心区周边地区，以制造业、物流等产业发展地区为主。这些地区具有一定的产业基础，存在建筑物老化、产业结构层次较低、改造动力不足等问题。按照产业布局规划，这些地区需要通过腾笼换鸟来促进产业结构的优化调整，以及完善园区亟须的公共配套设施，但改造手段应该多元化，鼓励开展以综合整治为主、拆除重建为辅的复合式更新，通过更加低碳、绿色、有机的更新手段，促进功能提升。

7.3.4　更新对象选择

深圳市的更新对象包括城中村、旧工业区、旧城区三种类型。这三类更新对象在全市分布广泛，但控制发展区是维护城市公共安全和生态环境的重要空间，需要控制这一地区的再开发建设，因此重点鼓励“引导更新地区”内的城市更新对象。通过对全市更新对象与引导更新地区的空间叠加分析，初步确定规划期内全市生态线外更新潜力用地总规模约为 283.7 km^2（含拆除重建、综合整治）（表 7-10，图 7-6）。

表 7-10　生态线外城市更新潜力用地总规模

对象类型	更新规模（km^2）
城中村	104.7
旧工业区	161.9
旧城区	17.1
总计	283.7

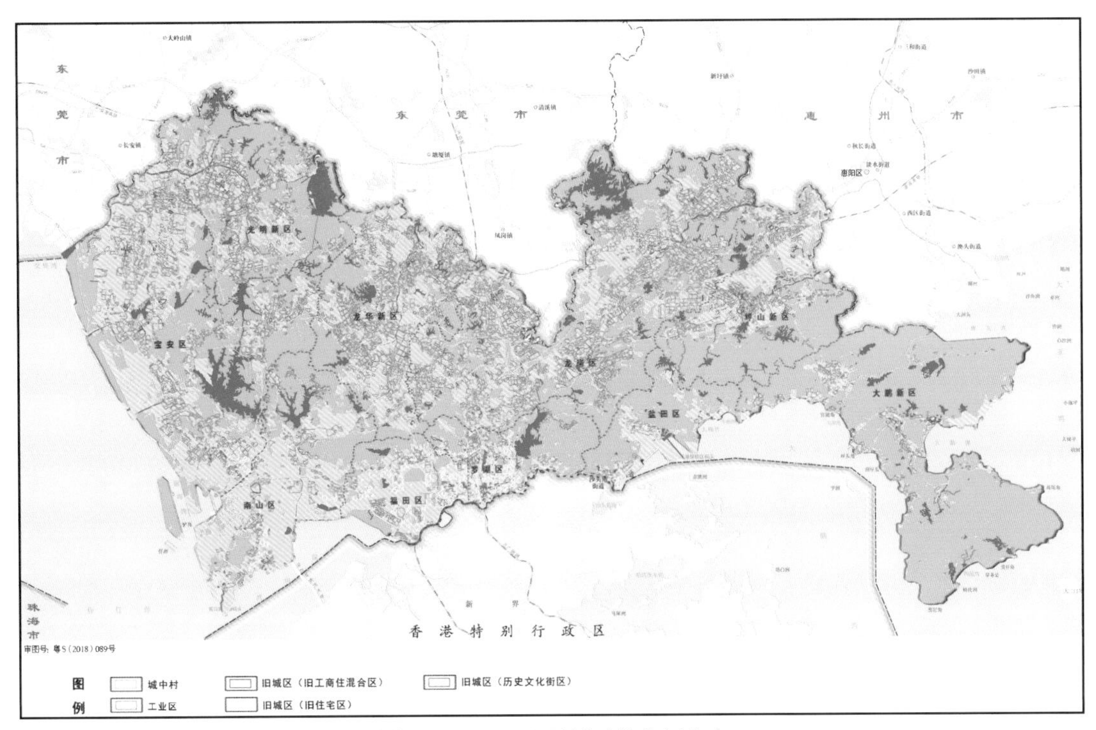

图 7-6 “三旧”更新对象空间分布

注：地图审图号为粤 S(2018)089 号。

8 城市更新专项规划编制体系

城市更新是城市规划建设中的一个重要子系统，城市更新规划的制定与城市发展息息相关，因此城市更新专项规划体系的设计，既要与现有城乡规划体系的层次相衔接，也要保证其内部各层次规划的有效传导。经过多年实践，深圳逐步探索出一套覆盖宏观、中观及微观三个层次的城市更新专项规划编制体系，通过层层落实，引导更新项目契合城市总体发展需求，实现城市更新科学、有序推进。

8.1 深圳城市更新专项规划体系概述

深圳市的更新专项规划由宏观、中观和微观三个层面组成（图 8-1）。宏观层面与城市总体规划相对应的是市级更新五年规划，它是指导全市城市更新工作的纲领性文件，是落实城市总体规划的五年规划，也是近期建设规划的重要组成部分。中观层面与分区规划相对应的是各区更新五年规划，它是指导各区城市更新工作、体现辖区更新诉求的纲领性文件，也是承上启下、落实市级更新五年规划的重要抓手。微观层面与控制性详细规划（法定图则）相对应的包括两类专项规划：一类是城市更新单元规划，它以具体的城市更新单元为对象，由城市更新项目的申报主体组织编制，向上衔接市、区更新五年规划和法定图则，向下控制并指导土地管理，是城市由更新规划引导转向开发控制的核心环节；另一类是仍处于探索阶段的更新统筹片区规划，它以多个城市更新单元所在的片区为对象，由政府主导编制，通过扩大统筹范围，增加更新利益平衡的

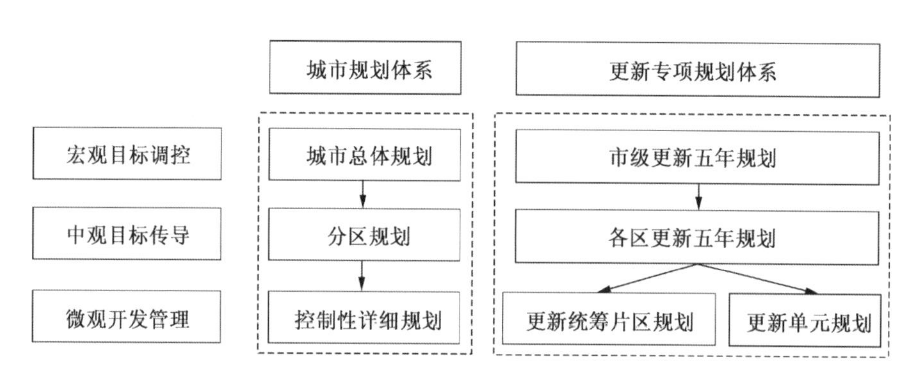

图 8-1　城市更新专项规划体系示意图

腾挪空间，实现完善片区整体功能结构、落实重大公共服务设施等更加综合全面的更新目标。

8.2 市级更新五年规划

市级更新五年规划由深圳市更新主管部门组织编制，规划立足城市可持续发展需求，以城市总体规划和土地利用总体规划为依据，与近期建设规划、国民经济和社会发展五年计划相衔接，研究全市更新方向、更新目标和重点策略，重点回答为何更新、如何更新、更新多少的问题，是指导规划期内各区城市更新专项规划编制、城市更新单元划定和城市更新单元规划编制的纲领性文件。

8.2.1 编制任务

市级更新五年规划需要根据全市发展方向，研究制定全市城市更新工作的总体战略，确立规划期内城市更新的重点方向，并进一步根据城市空间需求和更新对象潜力，提出规划期内全市城市更新的目标规模及其内部结构。此外，市级更新五年规划还需要通过划定更新分区、明确分区管控要求等方式，建立对全市城市更新项目的空间引导。为支持公共利益项目建设，市级更新五年规划中还需明确落实更新配套设施以及其他公共利益项目的规模与空间指引，并制定保障规划实施的行动方案。

8.2.2 明晰更新战略与目标

1）明晰城市更新战略

近年来，深圳市常住人口规模持续增长，经济保持健康快速发展，产业结构不断优化，但资源瓶颈和功能结构失衡问题日益突出，城市空间拓展的重心逐步由增量建设转向存量优化，城市更新在城市空间供给中的重要性日益突出。然而，在取得显著成绩的同时，深圳城市更新也出现了一些问题，譬如拆除重建类占据主导，综合整治类更新项目推动缓慢，更新配建的公共服务设施的类型与实际需求存在一定偏差，大型设施和厌恶型设施难以落实，等等。为此，本轮市级更新五年规划——《深圳市城市更新“十三五”规划（2016—2020年）》（以下简称《深圳市城市更新“十三五”规划》），旗帜鲜明地提出了“有质量、有秩序、可持续发展”的总体更新战略，更加积极鼓励开展各类旧区综合整治，稳步推进以城中村、旧工业区为主要对象的拆除重建，加大公共配套设施建设的统筹力度，通过更新供给侧的结构性改革，推动城市发展质量提高。

2）明确更新总体目标

在发展战略指导下，《深圳市城市更新“十三五”规划》采取定性和定量相结合方式，从四个方面制定了深圳全市更新的总体目标。

一是优化更新结构。积极鼓励综合整治、功能改变类更新，有序推进拆除重建类更新，使得两种更新方式的用地比例达到 6:4；其中，非拆除类（综合整治、功能改变类）更新用地规模目标为 17.5 km^2；拆除重建类更新用地规模目标则综合考虑了城市发展的空间需求、更新项目计划储备和以往年度项目的推进节奏，确定的年均供应规模为 2.5 km^2，五年合计 12.5 km^2。

二是提倡有机更新。加大综合整治力度，力争完成 100 个旧工业区综合整治项目，为科技产业创新发展提供空间；力争完成 100 个城中村或旧住宅区、旧商业区的综合整治项目，提升环境质量，建设生态宜居城市。

三是加大配套及保障性住房供应。通过城市更新有效增加交通设施、市政公用设施、医疗卫生设施、教育设施、社会福利设施、文体设施、绿地与广场等公益性项目，实现经济特区一体化水平显著提升。力争通过更新配建人才住房和保障性住房约 650 万 m^2，配建创新型产业用房面积为 100 万 m^2。

四是促进历史违法建设问题处理。力争通过城市更新实现违法建筑存量减少 1 000 万—1 200 万 m^2。

3）优化更新功能结构目标

深圳的城市建设早已进入立体式混合开发阶段，和传统用地结构引导相比，立体式开发建设对建筑结构的引导能够更加直接和精确地调节城市空间功能。为此，市更新专项规划在用地目标基础上，基于对产业、居住、商业、配套等多种类型建筑空间的供需分析，进一步研究制定了更新项目实施后的建筑规模结构调控目标（表 8-1）。

具体而言，规划结合拆除重建类更新用地供给，预测拆除重建类更新供给建筑总面积约为 4 600 万 m^2，采取三类策略进行供应：一是重点保障类，主要是针对公共服务和基础配套建筑面积，建筑面积不小于 200 万 m^2，占总规模的比例不低于 4%，较现状比例[①]高出一倍；二是稳中有升类，主要针对居住建筑和产业研发建筑，其中居住建筑面积约为 3 150 万 m^2，产业（含研发）建筑面积约为 810 万 m^2，在现状基础上稳定提升；三是适度控制类，主要是针对现状已经过剩的商业和办公建筑，其中商业建筑面积约为 240 万 m^2，办公建筑面积约为 200 万 m^2，在上一轮五年规划基础上适度降低，避免供需结构失衡。

表 8-1 《深圳市城市更新“十三五”规划》对建筑规模结构的引导调控目标

建筑功能类型	“十二五”实际占总规模比例（%）	“十三五”计划占总规模比例（%）	调节方向
居住	60	68	上升
商业	13	6	下降
办公	9	4	下降
产业	16	18	上升
公共配套	2	4	上升

① 最新版更新规划的编制年限为 2016—2020 年，因此现状是指“十二五”的平均水平。

8.2.3 构建多维度的更新策略

1）优化城市空间布局

强化深圳的多中心组团结构发展。深圳总体规划确定了“多中心—组团化”的城市空间结构，但经济特区内外二元化发展路径导致原经济特区外中心发育慢，原经济特区内中心就业的极化效应进一步增强。因此，城市更新需要以加快经济特区一体化为目标，强化更新项目规划引导，促进城市空间优化布局。以增加就业岗位、完善公共服务为核心，加大经济特区外副中心及组团中心的更新力度，重点打造原经济特区外就业中心，有序疏解原经济特区内辖区的就业人口压力，提高组团内部职住平衡水平，稳步促进多中心组团式发展。

以更新支持重点区域、重点地区发展。以现代化国际化城市为标杆，积极引导全市重点发展区域开展高质量城市更新，形成城市新增长极。重点发挥原经济特区外轨道站点周边地区的极核带动作用，加快推进轨道站点周边区域的更新。在重点产业发展区及重大公共配套设施周边区域，积极开展更新规划试点，强化政府主导作用，鼓励集中连片实施更新，协调各方利益，带动基础设施建设和城市功能结构系统优化。

通过城市更新优化城市景观布局。重视河流两岸、道路两侧更新用地景观的线状延伸，修复主要自然景观廊道中的景观断点，促进自然山水与城市的相互交融。加强景观“微空间”的更新改造，通过更新增加城中村、工业区内部的绿地与活动空间，改善城区整体公共开放空间系统。

2）提高产业发展质量

巩固产业空间基础。针对更新中工业区改造为商业办公及居住等功能偏多，部分产业片区工业用地比重快速降低的问题，市级更新专项规划提出，要对接深圳市工业区块线划定需求，加强工业用地更新改造引导。严格控制成片产业园区范围内的“工改商”和“工改居”，鼓励“工改工”，保障制造业的用地规模。鼓励旧工业区开展以综合整治为主的更新，通过加建扩建、局部拆建、环境整治、管理优化等措施不断提高产业空间品质，促进传统制造业向高端制造业升级。

加强创新型产业空间供给。为鼓励新型产业发展，深圳市创新推出了 M0 用地政策，在容积率、可分割出让方面均有政策优惠。但 M0 用地在产业准入、区位限定、建筑形态限制、功能限定方面界定不清，导致其空间趋向于写字楼、办公楼，与商业用地界线逐渐模糊，甚至对传统 M1 用地（一类工业用地）的布局产生冲击。为引导“工改 M0”类更新项目有序开展，《深圳市城市更新“十三五”规划》一方面制定了更新项目改造为 M0 的总量控制要求；另一方面引导 M0 集中布局，鼓励在原经济特区内、原经济特区外轨道站点周边或者市级重点片区内集中布局，为创新型产业发展提供空间集聚的高端载体。

推动产城互促融合发展。以城市主次中心区为重点，适度引导旧工业区改造为商业办公或居住功能住房，鼓励在新型产业用地中配建一定比例的保障性住房，促进研发生产、商务服务、生活休闲等多功能高度融合，形成高质量、国际化的产城融合片区。

3）提升民生幸福水平

加大公共服务配套供给。优先推动公共配套设施缺乏地区的城市更新。要求各区政府加快开展辖区范围内公共配套设施的承载能力评估，加强更新规划协调与引导。在公共设施缺乏较严重的地区，结合更新统筹片区规划研究或重点更新单元规划，采用空间腾挪、功能整合等方式，贡献规模较大的集中连片用地，保障大型公共基础设施落地。优先开展涉及教育、医疗、文体等重大公共配套设施建设的更新计划立项、规划审批与项目实施，提高公共服务设施的配套比例和建设标准，加强政府对城市更新项目中公共服务设施建设的政策倾斜与资金扶持，确保公共服务设施优先或同步于更新项目实施。

提高住房保障力度、优化住房供应结构。加强房地产市场供应，缓解住房短缺压力。以城中村拆除重建为主、“工改居”为辅，加快住宅供应速度，提高更新供应住房规模和比重，争取更新住房供给占全市住房总供给的七成以上，规划期内实现新增约 26 万套商品住房供给。优化住房供应结构，严格执行更新配建保障性住房政策。以中心区、轨道站点周边、重点产业片区等为重点，力争在“十三五”期间通过城市更新配建 13 万套保障性住房和人才住房。以轨道站点周边区域为重点，有效改善保障性住房建设区位。以综合开发为方式，不断完善保障性住房配套，满足多层次、多样化的住房需求。

促进社区转型发展。引导原农村集体经济组织继受单位合理确定更新方式，有序推进原集体物质形态升级和经济转型。通过政府支持引导、居民自主管理、多方良性互动的“共治共建共融”城中村治理新模式，实施提升社区环境、优化服务配套、引入现代化管理等多项措施，完成约 20 个城中村住宅改造项目，满足 50 万人的现代化住房需求，提升城市外来人口的认同感和归属感，促进多元文化融合。同时，通过更新改造来积极引导城中村融入现代产业布局，深化集体股份合作公司改造，引导公司经营结构从单一的物业出租形态向多元化经营转变。

4）鼓励低碳生态更新

倡导低碳绿色更新。坚持多元化的更新方式，科学评估现有更新对象，规划引导拆除重建类更新项目向一定范围集中，鼓励旧工业区升级改造、城中村综合整治等有机更新模式，减少不必要的拆建行为。推行从更新计划、规划到实施管理全过程的低碳化更新。在计划与规划阶段，通过低碳生态理念和技术方法的全面融入，科学制订城市更新单元计划与编制城市更新单元规划。在实施管理阶段，通过制定更新标准与技术规范，合理运用装配式建筑、建筑废弃物综合利用、提高土石方平衡水平、提升城市“海绵体”的规模和质量等多种低碳生态技术，推动绿色低碳更新。

加强生态资源保护。践行生态修复行动。禁止全市 27 个水库一级水源保护区内的更新行为。严格控制基本生态控制线内的更新行为，对于线内已建合法建筑物、构筑物，不得擅自改建和扩建，积极探索线内、线外更新联动机制，推动深圳梧桐山、塘朗山、羊台山、马峦山等重要生态功能区的恢复和整治复绿。加强大鹏半岛更新方式和规模的引导，保障大鹏半岛南北大型生态斑块间的连通。

活化历史文化资源。执行紫线保护规定，紫线内严格禁止拆除重建更新，适度分类开展综合整治与保护活化。经批准划定的历史建筑、历史风貌区原则上不纳入城市更新拆除重建范围，鼓励结合城市更新项目实施活化与保育。加强对紫线外其他历史文化资源的普查、登记、认定与保护。要求市场主体在拆除重建项目中严格保护古树名木，鼓励留存宗庙与祠堂。重点古村落强调保护传统街巷空间，延续特定场所精神，秉承“功能再生”的理念，赋予其新的功能。一般古村落由相关部门对现状情况及历史背景进行调查记录，选取保护价值较高或最能体现古村落历史文化传承的历史建筑（构）物给予定点保护。

8.2.4 鼓励多元更新模式

不同类型、不同区位的更新对象在城市发展中承担着不同的功能，它们适合的更新方式也不尽相同。因此专项规划针对城中村、旧工业区和旧住宅区三类更新对象类型，分别依据其区位、空间价值以及对城市未来发展的支撑情况提出分类指引。

1）城中村更新指引

城中村以完善配套和改善环境为目标，以综合整治为主、拆除重建为辅，积极引导原农村集体经济组织发展转型升级，提高城市化质量。

位于原经济特区内建筑质量较好、建设年代较新的城中村，原则上以综合整治为主，通过改善沿街立面、完善配套设施、增加公共空间、美化环境景观，提升城中村生活环境品质。

位于原经济特区外副中心或组团中心，以及已建、在建轨道站点 500 m 范围内的城中村，适度考虑拆除重建，加大保障性住房配建力度，发展商业零售、商务办公、酒店旅游等服务业。

位于原经济特区外一般区位且建筑老化、隐患严重的城中村，鼓励拆除重建，提高物质空间质量、完善商贸服务、公共服务、市政交通等综合服务功能。

经市、区主管部门认定具有历史文化特色的城中村，原则上以综合整治为主，修缮祠堂、庙宇等具有历史文化价值的建筑群，强调历史文脉的传承与延续，在保护的前提下，发展特色文化产业与旅游产业。

其他类型城中村以综合整治为主，推行现代居住区物业管理模式，加强城中村治安管理与消防安全管理，增强社区文化认同。其中位于产业园区的城中村，可通过综合整治提高居住品质，为产业提供居住和配套服务功能。

2）旧工业区更新指引

旧工业区以产业升级为目标，规划功能在符合法定图则或其他上层次规划要求的前提下，统筹运用拆除重建、综合整治、功能改变等多种更新方式，为产业发展提供优质的物质空间。

位于城市主中心区、副中心区和组团中心区与轨道站点 500 m 范围内的旧工业区，以拆除重建为主，兼顾综合整治和功能改变，逐步置换生产制造功能，结合产业基础与区位特征，主要发展企业总部、文化服务、商贸会展等第三产业，推动产业升级。

位于市高新区或工业区块控制线内优势区位（轨道站点 500 m 范围内）的旧工业区，可适当开展拆除重建，发展科技研发中试检测等功能，促进产业创新。

位于工业区块控制线内一般区位（轨道站点 500 m 范围以外）的旧工业区，鼓励复合式更新，结合园区定位与产业基础，发展战略性新兴产业、先进装备制造业以及优势传统产业。

其他区位的旧工业区，在规划指引下尊重市场意愿开展更新，发展居住、商业以及科教培训、保税服务、旅游、物流会展、文化创意等特色产业，促进城市功能多元发展。

3）旧住宅区更新指引

旧住宅区更新以优化居住环境与完善配套设施为目标，采取以综合整治为主的更新方式，审慎开展拆除重建；工商住混合的旧住宅区以实现多元化商业、居住等复合功能为目标，鼓励采取综合整治的更新方式。

对于建筑质量存在重大安全隐患、具有重大基础设施和公共设施建设需要以及保障性安居工程等公共利益建设需求的旧住宅区，可在政府主导下实施拆除重建；其他情形的旧住宅区，建议通过政府主导、社区参与等方式开展综合整治，通过实施建筑外观整饰、环境美化、发展底层商业、加建电梯和完善配套，改善居住环境。

对于具有历史人文特色的旧住宅区，以综合整治为主要手段进行保育、活化与复兴，注重环境保护与文化继承，保留传统街区和生活特色，并鼓励与旅游开发进行有机结合。

对于工商住混合等其他旧住宅区，应调动业主积极性，鼓励业主与政府合作开展综合整治，优化功能布局，营造商业氛围，促使旧住宅区重新焕发活力。

8.2.5　科学划定更新分区

为加大对更新方式的调节力度，《深圳市城市更新“十三五”规划》综合考虑了片区的物质形态、配套设施、基础支撑能力、生态环境和所处地区的发展定位与规划要求，按城市更新的重要性和控制要求，划定了优先拆除重建地区、限制拆除重建地区、拆除重建及综合整治并举地区三类更新分区（图 8-2）。此外，在更新分区的基础上，分别针对三类分区制定了差异化的管控要求，保障了多元更新策略在空间上的细化落实，推动更新分区规划从蓝图走向管理实施。

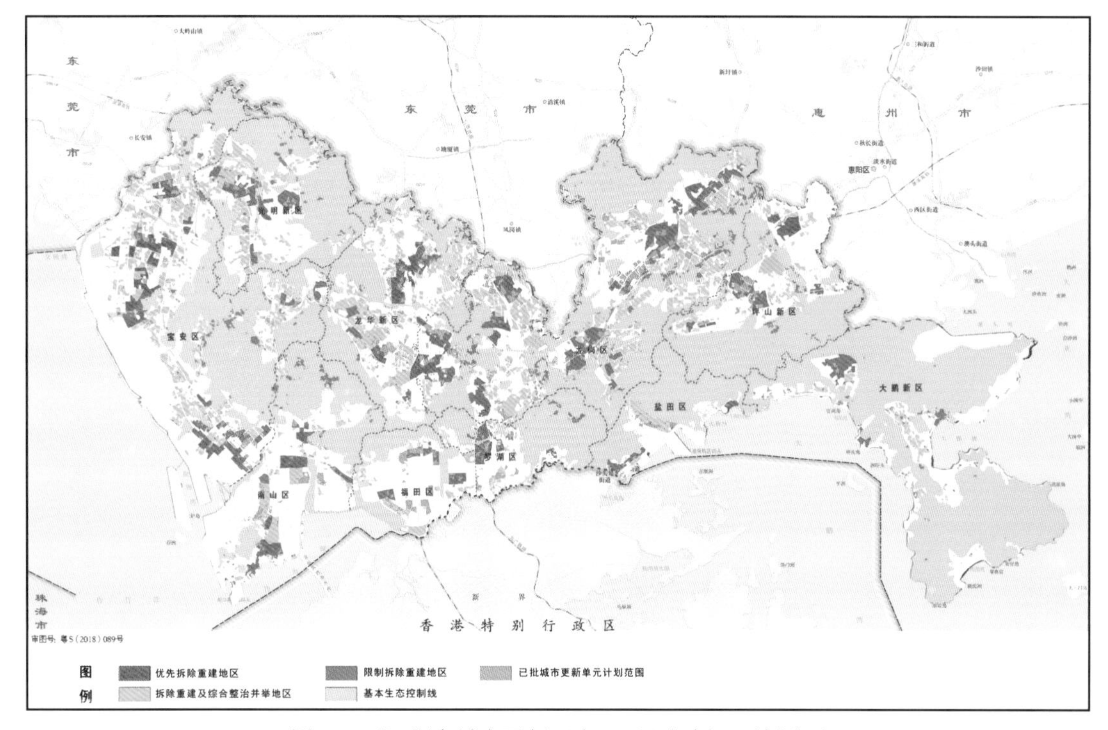

图 8-2 《深圳市城市更新“十三五”规划》更新分区

注：地图审图号为粤 S(2018)089 号。

1）优先拆除重建地区

优先拆除重建地区是鼓励进行拆除重建类的地区，规划划定的优先拆除重建地区用地面积为 106.4 km^2，占三类分区的 33%。规划在划定优先拆除重建地区时，综合考虑了城市发展和功能改善需求，分别从功能强化和服务提升两种视角，选择了三类地区作为优先拆除重建区：一是位于城市中心区和重点地区，特别是位于原经济特区外的副中心、组团中心及重要产业片区。该类地区对优化城市空间结构、提升城市功能具有关键作用，因此有必要纳入优先拆除地区，通过拆除重建的方式，系统改善建设面貌、植入新型功能、加速地区发展。二是位于已建或近期拟建的交通枢纽、轨道站点周边及高等级道路沿线地区。该类地区交通条件好、市场动力强劲，通过纳入优先拆除地区，提升开发强度，促进城市空间集约节约发展。三是教育医疗等独立占地的公共设施严重欠缺且新增用地潜力缺乏的地区。该类地区通过纳入优先拆除重建地区并配套相应的激励政策，提高市场主体参与更新的积极性，落实公共服务设施，提升城市公共服务水平。

优先拆除重建地区体现了对更新项目的集中引导，应推动新申报的城市更新项目集中，提高城市更新对战略或重点地区、中心城区发展的推动作用。

2）限制拆除重建地区

限制拆除重建地区是因客观条件不适宜开发建设，需要对拆除重建类更新行为进行管控的地区。规划划定的限制拆除重建地区内含更新对象用地面积为 33.03 km^2，占三类分区的 10%。规划在划定限制拆除重建地区时，重点落实了城市总体规划或各类专项规划所确定的基本生态控制线、一级水源保护区、橙线以及紫线等控制线要求。凡是在上述控制线范围内，且存在潜力更新对象的，均纳入限制拆除重建地区范围；在上述控制线范围内，但是没有潜力更新对象的，则不纳入限制拆除重建地区。

限制拆除重建地区体现了对更新项目的底线管控，应严格按照各类控制线管制要求对拆除重建行为实施管控，在条件允许的情况下考虑实施建设用地清退。

3）拆除重建及综合整治并举地区

拆除重建及综合整治并举地区是可以视具体项目需要，采取拆除重建、综合整治、功能改变等多种更新手段开展更新的地区。规划划定的限制拆除重建地区内含更新对象用地面积为 185 km^2，占三类分区的 57%。拆除重建及综合整治并举地区的划定主要结合更新对象的分布及其他两类地区的空间，在基本生态控制线以外，更新对象相对集中且不属于优先拆除重建地区或者限制拆除重建地区的，则纳入拆除重建及综合整治并举地区。

拆除重建及综合整治并举地区，由各区在城市更新五年规划中自行确定城市更新模式，鼓励符合条件的旧工业区进行升级改造。

8.2.6 推动公共利益项目建设

1）公共设施配建指引

为落实《深圳市城市更新“十三五”规划》民生幸福策略中增加公共设施供给的要求，规划制定了全市“十三五”期间在城市更新单元规划阶段新增公共配套设施的规划目标，其中中小学不少于 100 所，综合医院不少于 8 家，幼儿园不少于 215 所，公交场站不少于 133 个，非独立占地的公共配套设施建筑面积不低于 87 万 m^2。

2）基础设施配建指引

为助推市政基础设施及城市道路系统优化，规划提出要在城市更新中需要补缺公交场站、打通断头路、完善轨道接驳和市政基础设施的地区优先安排更新单元，同时统筹更新与整备两种实施手段，在城市更新中协调预留规划轨道交通线路和高等级道路的空间。规划还依据对潜力更新项目范围和基础设施建设需求的综合判断，提出了在“十三五”期间全市及各区通过城市更新推动建设的市政基础设施和道路的类型、数量及空间分布指引（图 8-3）。

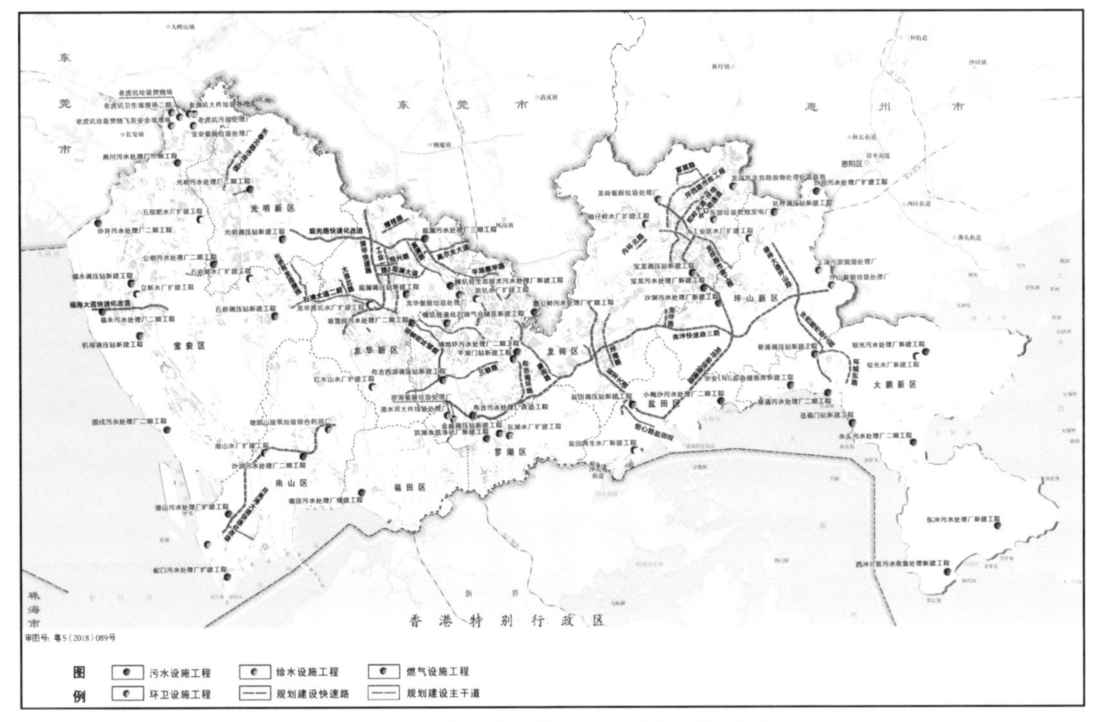

图 8-3　更新重点支持的市政交通项目分布

注：地图审图号为粤 S(2018)089号。

3）保障性住房配建指引

面对新增土地供应约束和房价快速上涨格局，深圳采取政策和规划双重手段，在城市更新中增加保障性住房供应。政策手段主要是出台各项专项政策，规定需要配建保障性住房的更新项目类型，以及不同配建分区、不同类型项目的配建比例要求（详见本书第 9 章）。规划手段是通过对市更新专项规划以及其他相关规划研究，划定城市更新保障性住房的配建分区。

配建分区按照就近平衡、交通便利的原则，综合考虑全市各片区的人口分布、区位条件、配套设施水平、交通便利程度、更新项目实际承受能力等因素，在全市划定了三类保障性住房建设地区（图 8-4）。

一类地区主要为城市主、副中心区和规划以研发办公功能为主的重点产业园区，并位于规划近期建设的城际线和轨道站点 1 000 m 覆盖的地区。

二类地区为除一类地区之外的城市主、副中心区，规划以研发办公功能为主的重点产业园区或规划近期建设的城际线和轨道站点 1 000 m 覆盖地区。

三类地区为除一类、二类地区之外的组团中心区、产业园区、高新产业带、战略性新兴产业基地集聚区等，以及其他适宜配建保障性住房的地区。

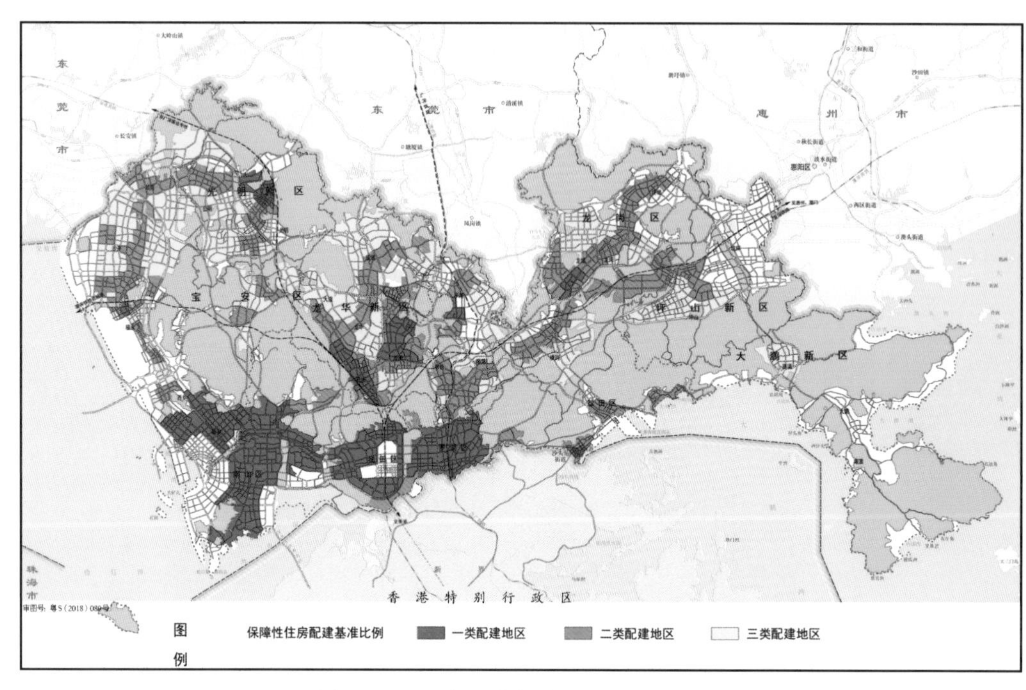

图 8-4 深圳市三类保障新住房配建地区

注：地图审图号为粤S(2018)089号。

8.2.7 构建更新预警机制

建立更新预警机制是为城市更新专项规划立足城市整体系统运行安全，为防范城市更新引发系统性风险所提出的一项重要机制。其主要思路是通过大数据手段，排查市政承载能力、交通承载能力、安全保障能力薄弱，以及现状开发容量已逼近或超过深圳城市规划标准与准则所确定的容量上限的地区，将该类地区划入更新预警地区，建立更新预警机制，纳入该类地区项目的前段审查，为更新项目准入、前置条件设定、更新单元规模确定、贡献规模核准以及公共设施配建等更新审批环节提供参考（图 8-5）。

在支撑能力薄弱地区优先安排各类交通、市政基础设施的升级改造与改扩建，譬如现状市政设施和管网已不能满足地上更新项目开发需求的地区，应严格要求辖区政府优先安排各类市政基础设施的建设和地下管网的升级改造，以系统提升各大基础支撑能力为前提，审慎启动地上大规模更新项目。

在存在安全隐患的地区保障其更新安全，严格控制橙线内部及周边地区的更新改造。对于位于地震断裂带的地区，应在更新改造过程中进行地质条件评价，提高建筑抗震等级。对于存在易涝风险的地区，应在更新改造过程中加强雨水管网及泵站建设。对于存在易塌陷、地质滑坡风险的地区，应在更新改造过程中同步开展公共安全工程和防治设施建设，适当降低更新项目的开发强度。

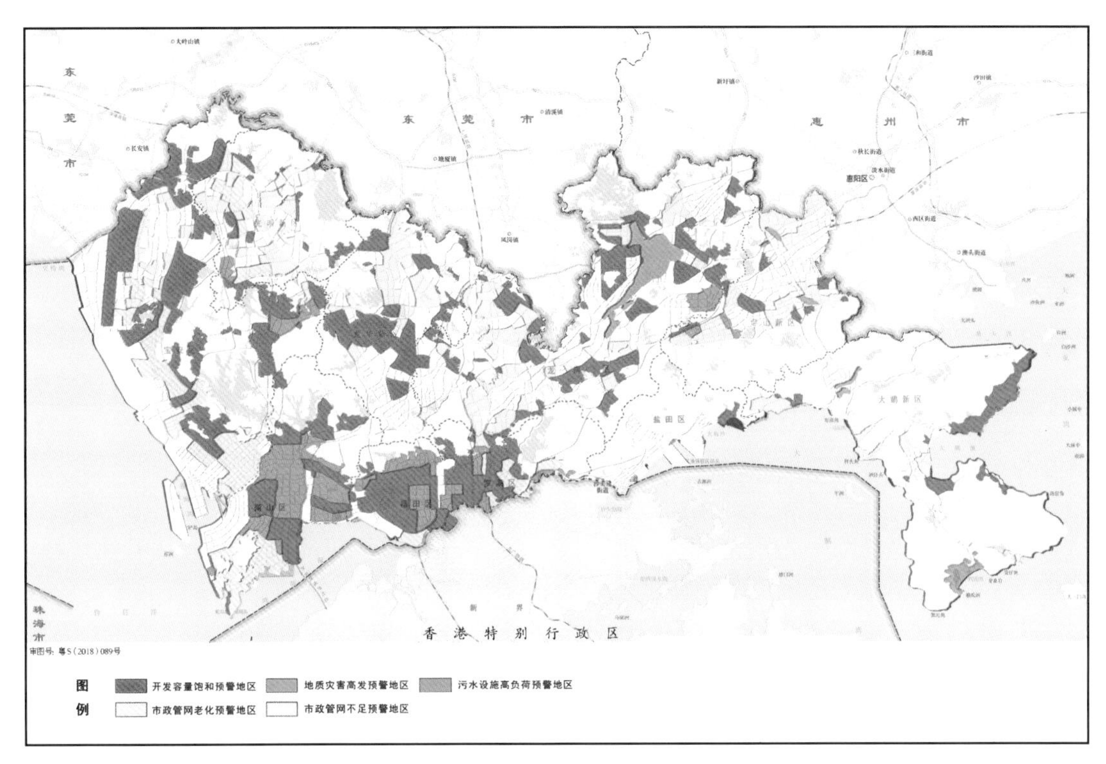

图 8-5　更新预警地区分布

注：地图审图号为粤 S(2018)089号。

8.3　各区城市更新五年规划

区城市更新五年规划由区政府组织编制，对上需要落实全市更新五年规划的具体指标和任务要求，对下指导区内更新计划申报和规划审批，在深圳市更新专项规划体系中起到承上启下、强化管控的重要作用。

8.3.1　编制任务

各区城市更新五年规划的编制任务主要包括六个方面：一是要落实市级城市更新五年规划的总体要求；二是结合辖区情况，提出辖区城市更新发展目标与策略，明确辖区五年城市更新的主要方向；三是安排辖区城市更新规模与结构，确定综合整治类更新的计划规模，以及拆除重建类更新的计划用地规模和供应用地规模，并对其中改造为工业、居住、商业等方向的比例进行合理安排；四是对辖区内的更新潜力范围进行模式分区，并确定具体的拆除重建类更新空间范围与综合整治类更新空间范围；五是明确落实辖区内各类配套设施、保障性住房与创新型产业用房的具体目标与空间指引；六是制定保障规划实施的行动方案以及相关措施。

8.3.2 分解市级更新五年规划目标规模

《深圳市城市更新“十三五”规划》将全市目标分解到区层面，制定了各区十三五更新用地规模目标，并纳入各区政府绩效考核。各区目标综合考虑了各区更新计划储备情况和实际项目推进速度，经过市、区两级多轮沟通协调后确定。其中，更新项目特别是拆除重建项目主要向原经济特区外特别是宝安和龙岗两区集中，两区合计占全市拆除重建更新用地总规模的 55%。而大鹏新区作为深圳山海资源集中、生态敏感性最高的区，除对现有项目的消化外，新增项目都将以综合整治和功能改变为主，避免大规模拆建对生态环境的冲击。

各区在编制更新五年规划时，需要以市级城市更新五年规划的分区考核目标为基础，确定辖区五年内的更新目标规模。其中，供应用地规模要不小于落实市级城市更新五年规划时所确定的各区绩效考核目标，以满足全市用地需求； 而计划用地规划则不能突破落实市级城市更新五年规划时所确定的各区计划规模上限，从而督促各区提高已被列入更新计划项目的推进速度。除总量目标外，各区更新五年规划还要结合市级城市更新五年规划所确定的全市更新结构以及自身发展诉求，明确辖区更新结构指引，包括对改造为工业、居住、商业等方向的比例进行合理分配，对拆除重建和综合整治的比例进行合理安排。

8.3.3 细化市级更新五年规划分区划定

更新分区管控是鼓励多元更新、避免大拆大建、引导各类更新有序推进的重要手段，为保障更新分区管控要求，《深圳市城市更新“十三五”规划》中已经明确了各区不同类型更新分区的规模（表 8-2），并且在空间上也对各区的分区范围进行了初步指引。

表 8-2 《深圳市城市更新“十三五”规划》分区分类指标分解表

行政区名称	优先拆除重建地区（km^2）	拆除重建及综合整治并举地区（km^2）	限制拆除重建地区（km^2）
福田区	3.5	4.9	0.05
罗湖区	4.1	2.5	1.21
南山区	8.6	10.6	3.06
盐田区	2.1	3.9	0.02
宝安区	22.3	45.5	7.63
龙岗区	34.4	52.8	10.40
光明区	8.3	17.4	3.35
坪山区	8.3	11.0	2.00
龙华区	11.4	30.8	2.57
大鹏新区	3.4	5.6	2.74

续表 8-2

行政区名称	优先拆除重建地区（km^2）	拆除重建及综合整治并举地区（km^2）	限制拆除重建地区（km^2）
合计	106.4	185.0	33.03

各区在编制城市更新五年规划时，需要结合辖区发展需求，将优先拆除重建地区、拆除重建及综合整治并举地区进行细化，划定更为具体的拆除重建类更新空间范围和综合整治类更新空间范围。其中，拆除重建类更新空间范围必须有不低于 60% 的用地位于市级城市更新五年规划的优先拆除重建地区内，其余部分原则上应位于市级城市更新五年规划的拆除重建及综合整治并举地区（图 8-6）。拆除重建类更新空间范围的面积原则上为各区拆除重建类更新计划用地规模的 3 倍，上下浮动比例不超过 10%。而综合整治类更新空间范围，可结合辖区内的旧工业区、旧村等现状情况自行划定。

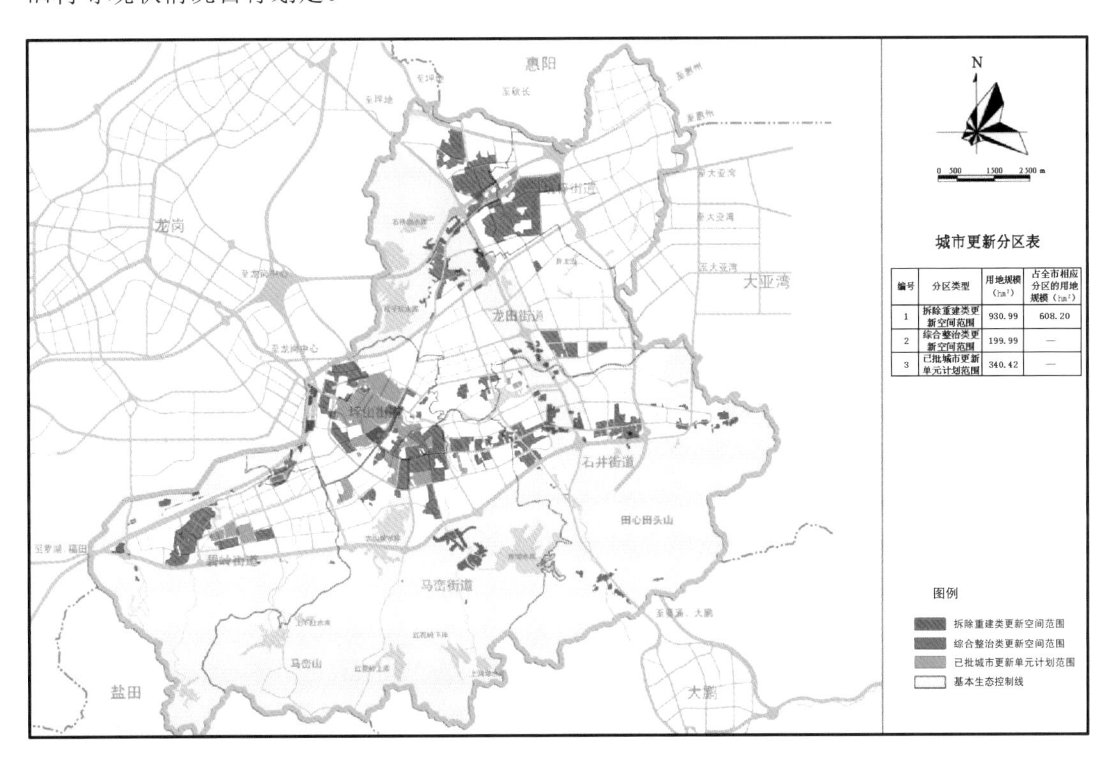

编号	分区类型	用地规模（hm^2）	占全市相应分区的用地规模（hm^2）
1	拆除重建类更新空间范围	930.99	608.20
2	综合整治类更新空间范围	199.99	—
3	已批城市更新单元计划范围	340.42	—

图 8-6　区城市更新五年规划更新分区范围

8.3.4　落实市级更新五年规划公共利益项目

城市更新是深圳落实公共利益项目、补充城市配套短板的一项重要手段。为此，《深圳市城市更新“十三五”规划》根据各区更新潜力，在全市公共利益项目建设要求基础上进一步明确了各区公共利益项目建设的目标（表 8-3）。

表 8-3　各区公共配套设施类更新任务分配

辖区	中小学（所）	综合医院（家）	幼儿园（所）	公交场（个）	非独立占地公共配套设施建筑面积（万 m^2）
福田区	2	—	10	9	3.4
罗湖区	6	—	18	17	8.3
南山区	8	1	15	13	5.3
盐田区	2	—	5	6	2.8
宝安区	23	1	30	22	18.5
龙岗区	30	3	75	35	29.3
光明区	8	1	13	6	4.5
坪山区	8	1	13	6	4.5
龙华区	11	1	26	16	9.0
大鹏新区	2	—	10	3	1.4
合计	100	8	215	133	87.0

各区在编制城市更新五年规划时，需要在市级五年规划指导下，以区城市更新五年规划划定的拆除重建类更新空间范围为基础，结合辖区内现状公共服务设施支撑情况，进一步明确辖区内需通过城市更新配套或配建的公共服务设施、保障性住房与创新型产业用房的数量与规模，并将空间细化落实到街道或社区范围。

除上述公共利益项目外，各区还要在编制区五年城市更新规划时，开展辖区现状交通市政支撑评估，明确落实辖区内需要与城市更新同步推进的交通、市政类配套设施和管网，以及需要区政府优先于城市更新安排建设的交通设施和道路、市政设施和管网等内容，通过提前研究、提前建设，实现地上地下联动更新，预防更新后容积率提升对城市基础设施承载能力的过度冲击。

8.4　城市更新单元计划与规划

城市更新单元规划是城市更新专项规划体系中面向实施的规划类型，是城市由更新规划引导转向开发控制的核心环节。城市更新单元规划在编制前，必须先申报列入全市城市更新单元计划。城市更新单元计划的申报与城市更新单元规划的编制均由市场主体主导，由政府进行审批，是政府与市场博弈、协调公益和非公益的重要平台。

8.4.1　列入城市更新单元计划的基本条件

城市更新单元计划是更新单元规划编制的先决条件。列入更新单元计划必须满足以下几方面条件（表 8-4）：第一，判断是不是在辖区城市更新专项规划划定的拆除重建范围内（优先拆除重建范围或拆除重建及综合整治并举块地区）；第二，评估是否具备拆除重建的必要性，主要包括设施完善、环境安全改善及功能改善三种情况；第三，核查拆除重建的基本条件，包括权利主体意愿、更新单元面积、合法用地比例、拆除重建用地比例、建筑物建成年限以及满足城市各类控制线要求等。城市更新单元计划筛查能够将更新条件不成熟的地区排除在更新计划以外，将社会经济综合效益较大地区优先纳入更新计划，有助于保证更新项目的实施率，也是政府与市场博弈提升公共利益的抓手。

表 8-4　城市更新单元计划设定条件

类型	具体要求
必要性	具有以下情形之一，且通过综合整治、功能改变方式难以有效改善或消除： 城市基础设施、公共服务设施亟须完善； 环境恶劣或者存在重大安全隐患； 现有土地用途、建筑物使用功能或者资源、能源利用明显不符合社会经济发展要求，影响城市规划实施
充分性	较高比例的权利主体同意拆除重建； 面积应满足一定要求，以保障大于 3 000 m^2 且不小于拆迁范围用地面积 15% 的公共利益项目落实； 合法用地比例要求； 拟拆除重建范围的用地面积应大于单元总用地面积的 70%； 建筑物建成时间必须达到一定年限； 满足城市各类控制线要求； 原则上应包含完整的产权边界

8.4.2　合理划定城市更新单元拆除范围

划定城市更新单元拆除范围是城市更新计划阶段的一项核心工作。城市更新单元的设立汲取了台湾地区都市更新单元的经验，以完善城市功能和空间结构为主旨，突破单纯按照权属和土地的利用功能，遵循科学合理、土地整合的原则，划定城市更新单元范围。

初期的城市更新单元范围的划定主要从项目自身的用地面积、用地权属比等情况出发进行划定。市场主体需要结合土地核查结果和更新单元权益，衔接用地出让管理，划定“城市更新单元范围”，以及在更新单元范围内的“拆除用地范围”，出让给实施主体的“开发建设用地范围”和移交政府的“独立占地的公共服务设施用地范围”，从而实现更新单元内的土地使用权再分配。

2016 年以来，市、区城市更新五年规划对城市更新单元范围边界划定的指导要求更加明确，各区申报拆除重建类更新计划的项目原则上应位于区城市更新五年规划所划定的拆除重建空间范围，如确需超出的，超出比例不得超过 10%。

除在更新单元内部划定不同类型范围线外，在特定情况下，更新单元规划还可以对已经批准的“城市更新单元范围”进行优化调整。譬如因为土地清退、用地腾挪、零星用地划入或者其他公共利益用地建设等需求，需要将单元以外的用地与现有更新单元进行统筹的，可以将二者整合为一个新的更新单元，以新单元为单位，计算合法用地比例，从而实现土地整理目标。

8.4.3 城市更新单元规划编制任务

城市更新单元规划需要在城市更新单元计划的基础上，以各类法定上层次规划以及城市更新的法规、政策为依据，对城市更新单元的目标定位、更新模式、土地利用、开发建设指标、公共配套设施、道路交通、市政工程、城市设计、利益平衡等方面做出细化规定；明确更新单元规划的强制性和引导性内容，向上落实各类型的法定上层次规划、更新单元计划要求，横向对接更新单元规划审批操作要求，从而协调各方利益，确保城市更新目标和责任的落实。

8.4.4 更新单元规划成果体系

城市更新单元规划既要保障科学性，又要兼顾可实施性，还要与规划审批需求对接。因此在成果形式上设计了技术文件和管理文件两个体系。

其中，技术文件是关于规划设计情况的技术性研究论证，也是制定管理文件的基础和技术支撑。技术文件由规划研究报告、专题 / 专项研究（表 8-5）以及技术图纸三部分组成。技术文件的研究包括多个层次和多个领域，除传统空间规划会涉及的用地功能、开发强度、城市设计等内容外，还包括利益平衡及分期实施方案、建筑物理环境、海绵城市建设、生态修复、历史文化保护与利用等，内容丰富、论证充分。

管理文件则是规划审查的直接对象，由文本、附图和规划批准文件组成，语言精练、严谨。在审查过程中管理文件的形式是文本和附图；规划审查通过后，编制单位还需要将文本和附图转化为规划批准文件，由法定审批机构核发后，作为实施更新单元规划管理的最终依据。

表 8-5　城市更新单元规划专题 / 专项研究设置要求

专题 / 专项研究类型	必选类	可选类
专题 / 专项研究名称	公共服务设施专项研究 城市设计专项研究 建筑物理环境专项研究 海绵城市建设专项研究 生态修复专项研究	产业发展专题研究 规划功能专项研究（涉及优化法定图则用地功能布局或法定图则未覆盖的地区） 交通影响评价专题 / 专项研究 市政工程设施专题 / 专项研究 历史文化保护与利用专项研究等类型

8.4.5 明确单元更新目标与方式

更新单元规划需要从城市整体功能提升的角度出发，结合单元发展条件，确定单元的功能定位、发展目标与发展方向，是对更新后片区发展愿景的描绘。其中产业升级类的项目还要结合产业专题的研究成果，对单元更新后的产业发展目标、产业主导方向做具体的分析和引导。

同一更新单元中允许结合多种更新手段，在更新单元规划中也要明确单元内所采用的拆除重建、功能改变或者综合整治等更新方式，以及不同更新方式所对应的空间范围。

8.4.6 确定单元功能控制要求

单元功能控制要求是更新单元规划最终转化为批准文件的核心内容，是指导更新单位开发建设的直接依据。在城市更新单元规划中，功能控制部分的编制深度主要参照详细蓝图执行，核心内容主要包括两个层面的控制要求：一是单元整体层面的开发建设用地经济指标，如开发建设用地面积、单元整体容积率、规划建筑总面积以及其中各类经营性和公共配套设施面积等；二是具体地块的控制指标，包括地块划分、用地性质、用地面积、容积率、功能配比、公共配套设施、地下空间开发、海绵城市建设等方面的控制性要求。

8.4.7 引导建设绿色、宜居城市

为提高建设质量，保留发展记忆，落实生态修补、功能修复、低碳生态等设计理念，所有更新单元规划都必须开展城市设计、建筑物理环境、海绵城市建设以及生态修复四个方面的专项研究，并将其中的核心成果转化为管理文件中具体的城市设计要求。

其中，城市设计专题主要针对城市空间组织、公共空间控制、慢行系统组织、建筑形态控制等进行研究，明确设计要素和控制要求。此外，城市设计专题还要结合竖向设施，提出土石方平衡方案，明确建筑垃圾处理措施，减少土石方外排量。建筑物理环境专题主要研究单元设计对区域小气候的影响，提出改善区域风、热、光、声等环境的改善方案，落实绿色建筑、建筑节能措施。海绵城市建设专题主要评估现状水文地质条件，根据更新规模，明确海绵城市建设目标，进行区域海绵城市影响评估，布局主要海绵设施。生态修复专题主要开展生态本底评估，提出生态修复目标和具体指标。

如果单元内涉及文物保护单位和未定级不可移动文物、紫线、历史建筑、建筑风貌区的，还要开展历史文化保护专项研究，提出历史文化保护和利用目标，划定核心保护范围，提出保护范围内的建设活动控制

要求，提出保护措施及合理的活化利用方式。

8.4.8 防范交通市政设施过度负荷

城市的道路交通系统和市政设施布局主要依据已有城市规划特别是法定图则规划容量确定，而城市更新往往会较图则规划的开发强度有较大突破。为防范交通及市政设施过度负荷，对于突破法定图则确定的建筑总量的片区，还要进行交通影响评价和市政工程设施专项或专题研究。

其中，交通影响评价专题/专项研究就需要根据单元发展规模预测交通需求，开展交通影响评估，并从道路交通、公共交通、慢行交通等方面提出改善措施。市政工程设施专题/专项研究需要结合现状各类市政设施的供给能力和运行负荷，开展更新后的区域市政支撑能力分析和影响评估，并从水、电、气、环卫、消防等多个方面提出改善措施。

交通和市政设施研究能够有效保障单一更新项目的设施配置需求，但由于交通和市政设施都是系统性工程，多个项目累加还是可能形成合成谬误，因而在部分更新项目集中的地区，出现了交通拥堵加剧、市政设施爆表的情况，需要更高层面的规划加以统筹协调。

8.4.9 强化利益平衡与分期实施

1）细化利益平衡方案

更新单元是多元主体利益协调的重要平台，也是更新单元规划得以实施的重要保障，因此更新单元规划编制中必须制定详尽的利益平衡方案。利益平衡方案需要综合单元中的现状权益和单元适用的各项政策要求，制定城市更新单元与城市间的利益平衡方案，主要包括：①单元总规划建筑规模及功能配比；②单元移交用地的规模和比例，以及需要承担的独立占地的城市基础设施、公共服务设施、各类政策用房（人才住房和保障性住房、创新型产业用房等）以及其他公共利益项目的拆除责任和移交要求；③配套建设的各项设施及政策性住房的类型、规模、位置和产权管理等要求；④生态保护和修复的实施计划及政府主管部门要求落实的其他绑定责任等。

2）强化公共服务设施建设

深圳城市空间以建成区为主体，很多规划的公共服务设施长期无法落实，以更新为主体的二次开发成为增加公共服务设施供给的重要手段。为达成上述目标，更新单元规划不仅要保障自身的公共服务设施供给，还要系统评价更新单元及周边地区现状公共服务设施供给条件和缺口，根据更新单元及周边地区已经规划但尚未实施的项目核算人口增长，预测各类设施的需求，并提出相应的改善措施，明确公共服务设施的种类、数量、分布和规模。

3）明确分期实施要求

项目分期是决定大规模城市更新项目整体成败的关键，为避免开发商将更新单元内公共利益多、开发难度较大的部分通过分期的方式延后建设甚至逃避建设，新的更新单元规划编制技术指引要求开发商必须以“公益优先”为原则，在更新单元规划中明确单元内的分区实施方案，将其作为各分期利益平衡的重要手段，在首期优先保障独立占地的公共服务设施用地以及其他移交给政府的独立用地、人才住房和保障性住房、创新型产业用房等的实施，并且保障各分区的独立可实施性。

9 制度创新与体系构建

2009年，广东省被原国土资源部列为全国节约集约用地试点示范省，省政府出台了《广东省人民政府关于推进“三旧”改造促进节约集约用地的若干意见》，全面启动旧城镇、旧村庄、旧厂房的改造工作。在省“三旧”改造的政策推动下，深圳于同年颁布了《深圳市城市更新办法》（深圳市人民政府令第211号），在国内首次以“城市更新”概念制定政府规章制度。随后，深圳市政府及城市更新主管部门借鉴国内外先进经验，以推动更新项目为着眼点，根据每年更新项目推动情况、市场反馈及存在问题等，小幅迭代、持续优化，不断出台相关的补丁政策。经过10年积累和完善，深圳市在法规规章层面的顶层政策设计不断完善，在公共利益项目配套建设、历史用地处置等重点领域不断深化专项配套，在技术标准层面和操作层面形成了体制机制和管理体系，从而推动了更新实践蓬勃开展，保证了更新项目合法合规推进（图9-1）。

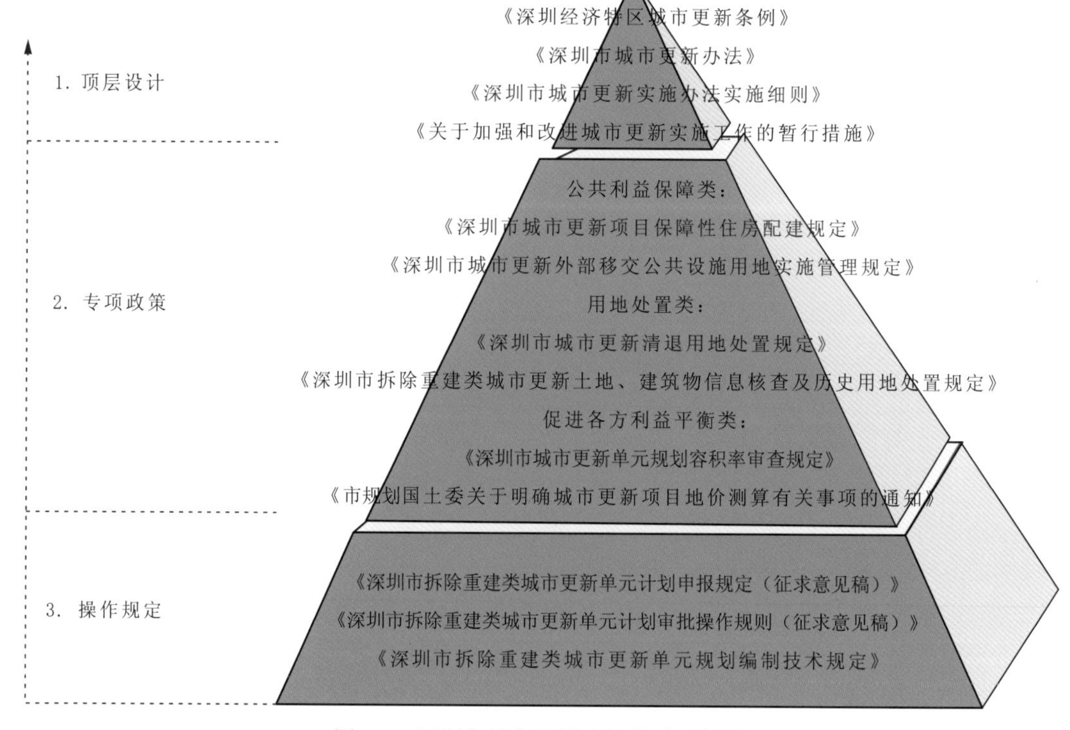

图9-1 深圳市城市更新政策体系示意图

9.1 建章立制，持续完善政策体系

2009年之前，深圳市曾经出台了城中村改造、工业区改造等相关政策，但政策之间缺乏协调，再加上深圳的土地权属情况十分复杂，城市更新项目推动仍然举步维艰。基于城中村、工业区专项改造的经验和教训，深圳市政府意识到针对单一改造对象的规划和政策难以满足整体发展的要求，必须从系统性出发，制定更为全面、完善的存量开发政策。

为此，在总结城中村、旧工业区改造经验的基础上，以广东省“三旧”改造政策出台为契机，深圳在2009年首次以政府规章的方式颁布了《深圳市城市更新办法》，通过更具综合性、更注重城市品质和内涵提升的“城市更新”概念指导城市更新工作，标志着深圳城市更新进入整体统筹、规范运作的新阶段。经过近10年的发展，深圳围绕城市更新已基本形成了以《深圳市城市更新办法》为纲领、以细化政策为指导、以技术标准和各类操作规则为支撑的政策体系。

9.1.1 构建顶层设计

2009年年底由深圳市人民政府颁布的《深圳市城市更新办法》（以下简称《办法》）及2012年出台的《深圳市城市更新办法实施细则》（以下简称《办法实施细则》），提出了深圳市城市更新的目标、原则、主体，并对更新对象、更新方式、更新流程做出了全面规定，是当前深圳市城市更新工作的最高纲领。

《办法》奠定了深圳城市更新的主基调，即“政府引导、市场运作”。土地使用权人、政府和其他符合规定的主体都可以参与更新，突破了经营性建设用地必须通过招拍挂出让的政策限制，允许通过协议方式向原权利人出让土地，使得更新前后土地使用权的衔接更加顺畅，大大激发了市场的积极性。《办法》明确了多元化的更新对象和更新方式，更新对象范围扩大到旧工业区、城中村、旧商业区、旧住宅区、旧屋村等类型，更新方式可包括综合整治、功能改变、拆除重建等类型。《办法》还突破权属和土地利用类型限制，以完善城市功能和空间结构为主旨，创新提出单元更新模式，以单元为基础协调各方利益，保证公共责任落实；单元内允许存在一定比例的合法外用地，通过补缴地价且贡献公共利益项目用地后转化为合法用地进入市场流通，为化解深圳历史违法建设提供了重要途径。

《办法实施细则》从加强城市更新规范性和操作性的角度，对《办法》已有的条文进行了明确和细化，对未涉及的重点内容进行了补充规定。一是明确了三类更新模式的适用范围和操作程序，提出了更新规划与计划管理体系；二是加强了实施主体监管，针对多个权利主体引发改造纠

纷的问题，要求必须形成单一主体后方可实施；三是加强了更新落实公共利益要求，尤其是拆除重建类项目通过用地贡献、拆迁责任捆绑、保障性住房配建等多种方式承担社会责任，发挥城市更新对城市整体品质提升的积极作用；四是强化公众参与，通过更新意愿征集、已批计划公告、更新单元规划公示、征求利害关系人意见等多种方式，在各个环节实现公众参与，保障权利人的知情权和参与权。

由于城市更新是一项开创性的工作，实践过程中新问题层出不穷，新需求不断涌现，因此，深圳还通过滚动方式编制了《关于加强和改进城市更新实施工作的暂行措施》（以下简称《暂行措施》）。《暂行措施》在《办法》和《办法实施细则》的基础上，重点针对更新领域近期出现的普遍问题或重大需求，制定针对性的解决方案，截至2017年年底已出台三版[①]，通过政策迭代有效应对了更新过程中的挑战。

总体而言，深圳通过城市更新的顶层制度设计，确定了城市更新的总体方向、基本框架和主要实施路径，为城市更新的广泛推进和规范运作提供了至关重要的政策保障。

9.1.2 完善专项政策

在《办法》和《办法实施细则》确定的制度框架下，深圳进一步针对城市更新中有关重大公共利益或矛盾焦点突出的关键领域加强研究，陆续出台了多个专项政策。

在保障公共利益方面，深圳出台了《深圳市城市更新项目保障性住房配建规定》及《深圳市城市更新项目创新型产业用房配建规定》，明确了城市更新配套建设保障性住房和创新型产业用房的配建要求和配建标准，研究推出了《深圳市城市更新外部移交公共设施用地实施管理规定》，借助市场力量，实现公共利益项目的用地供给，破解合法用地比例不足的困境。

在化解历史遗留问题方面，深圳在以往历史用地处置政策和《办法实施细则》的基础上，先后出台了《深圳市城市更新历史用地处置暂行规定》《深圳市城市更新清退用地处置规定》《深圳市拆除重建类城市更新单元旧屋村范围认定办法》以及《深圳市拆除重建类城市更新土地、建筑物信息核查及历史用地处置规定》，明确了不同类型历史用地在更新项目中的处置方式和处置流程，为落实非农用地指标、逐步化解历史遗留问题提供了详细指引。

在促进各方利益平衡方面，围绕地价测算和容积率测算两个核心环节，深圳分别出台了《市规划国土委关于明确城市更新项目地价测算有关事项的通知》和《深圳市城市更新单元规划容积率审查规定》（2018年征求意见稿），根据实际情况，持续调整和规范地价测算规则和容积率测算规则（表9-1）。

① 分别为2012年、2014年以及2016年，最新一版正在研究编制过程中。

表 9-1 深圳市城市更新领域主要政策名称

年份	名称
2009	《关于农村城市化历史遗留违法建筑的处理决定》
	《深圳市城市更新办法》
2010	《深圳市人民政府关于深入推进城市更新工作的意见》
2012	《深圳市城市更新办法实施细则》
	《关于加强和改进城市更新实施工作的暂行措施》
2013	《深圳市城市更新历史用地处置暂行规定》
	《城市更新单元规划审批操作规则》
2015	《深圳市城市更新单元规划容积率审查技术指引（试行）》
	《市规划国土委关于明确城市更新项目地价测算有关事项的通知》
	《深圳市城市更新清退用地处置规定》
2016	《深圳市人民政府办公厅关于贯彻落实〈深圳市人民政府关于施行城市更新工作改革的决定〉的实施意见》
	《深圳市人民政府关于修改〈深圳市城市更新办法〉的决定》
	《深圳市城市更新项目保障性住房配建规定》
	《深圳市城市更新项目创新型产业用房配建规定》
	《关于加强和改进城市更新实施工作暂行措施》
2017	《深圳市各区（新区）城市更新五年规划编制技术指引》
	《深圳市各区城市更新实施办法》
2018	《深圳市城市更新外部移交公共设施用地实施管理规定》
	《深圳市城市更新单元规划容积率审查规定（征求意见稿）》
	《关于加强城市更新单元规划审批管理工作的通知》
	《深圳市拆除重建类城市更新单元计划申报规定（征求意见稿）》
	《深圳市拆除重建类城市更新单元计划审批操作规则（征求意见稿）》
	《深圳市拆除重建类城市更新单元规划编制技术规定》
2019	《深圳市拆除重建类城市更新单元计划管理规定》
	《深圳市拆除重建类城市更新单元规划容积率审查规定》
	《深圳市拆除重建类城市更新单元计划审批操作规则》

9.1.3 细化操作指引

为保障更新政策落实、促进更新审批合法合规、更新项目有序开展，深圳还针对更新工作所涉及的不同环节和不同对象，制定了全面细致的技术标准和操作规则。如指导更新单元计划申报和审批的《深圳市拆除重建类城市更新单元计划申报规定（征求意见稿）》《深圳市拆除重建类城市更新单元计划审批操作规则（征求意见稿）》，指导更新单元规划编制和审批的《深圳市拆除重建类城市更新单元规划编制技术规定》等，为深圳城市更新工作从政策到实施提供了保障。

9.2 市区互动，优化调整管理体系

9.2.1 市区互动、常态化引导更新项目推进

2005 年，为应对城市化转地后日益凸显的违建问题、改造局部老旧城中村，深圳成立了由市长任组长的“深圳市查处违法建筑和城中村改造工作领导小组”，作为全市城中村（旧村）改造工作的领导机构，在市规划部门设“深圳市城中村改造办公室”统筹推进相关工作。

随着《办法》出台，深圳城市更新进入常态化推进阶段，行政审批和服务事项大幅提升，迫切需要搭建一套稳定、完整的管理体系。2009 年 9 月，深圳市以政府机构整合改革为契机，将“深圳市查处违法建筑和城中村改造工作领导小组”更名为“深圳市查处违法建筑和城市更新领导小组”,“深圳市城中村改造办公室”更名为“深圳市城市更新办公室”，下设于市规划和国土资源委员会，负责组织、协调、监督全市更新工作，编制更新政策和更新专项规划，审查全市更新项目计划规划。各区相应设立城市更新办公室，负责城市更新相关预审和服务事项，形成市区两级的城市更新专职管理组织构架。2014 年 10 月，深圳市在市城市更新办公室的基础上，设立副局级的深圳市城市更新局，使市层面的城市更新工作管理及技术力量得到进一步加强（图 9-2）。

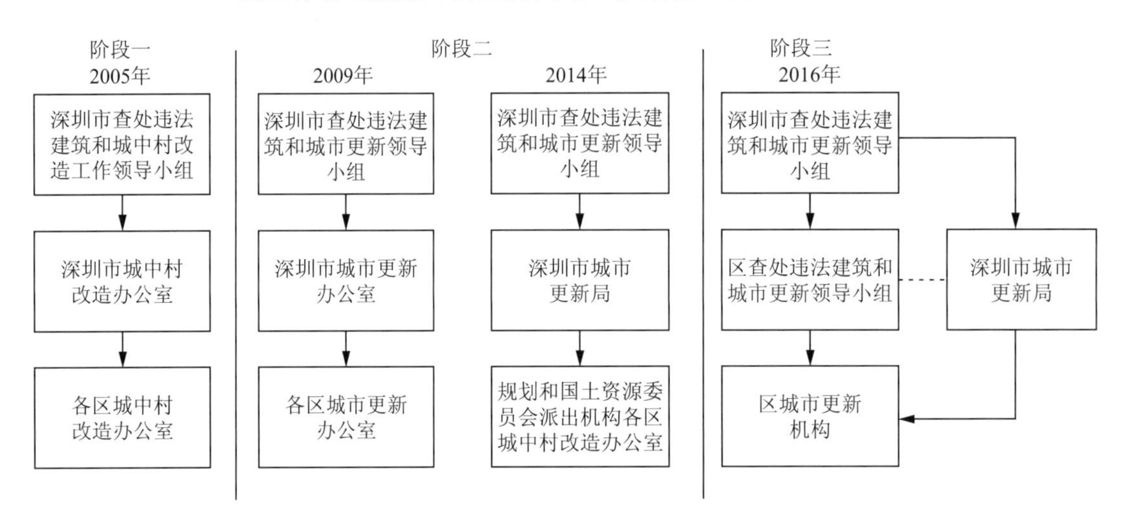

图 9-2 深圳市城市更新管理体系演化图

9.2.2 强区放权、建立权责匹配的管理机制

伴随城市更新工作进入深水期，项目实施难度日益增加。在市区两级管理体系下，审批流程多、周期长的问题逐步凸显。2015 年度，在简政放权大背景下，深圳开展了一轮强区放权工作，在更新领域，以老旧城区集中的罗湖区为试点，将市层面城市更新的行政审批、确认、服务

等事项下放至罗湖区。2016 年深圳又发布了《深圳市人民政府关于施行城市更新工作改革的决定》，将试点推广到全市。自此，市层面主要负责全市更新规划、政策、标准、流程方面的统筹，不再审批具体项目。各区组建更新局或重建局，主导辖区内城市更新工作，城市更新项目计划立项和规划审批都在区层面完成，项目推进速度和实施率得到有效提升。

强区放权取得斐然成绩的同时也面临着困惑。各区审批流程和标准存在较大差异，与全市层面的政策和技术标准不尽相符，产生了一些新的问题，各区对政策差异化执行会造成项目间的不公平和违规审批的效仿，还可能破坏规划和用地管理的严肃性、统一性。在保持强区放权的主线下，如何进一步优化制度设计，加强全市层面的总体调节和监督，明确底线要求，同时保留分区管理的灵活性，将是深圳城市更新下一阶段探索的重要问题。

9.3 因地制宜，多策并举推进多元更新

《办法》提出了拆除重建、综合整治和功能改变三种城市更新方式。拆除重建类项目增值收益大、市场积极性高，在深圳目前的更新项目中占据绝对主导地位。但市场主导的大规模拆除重建也存在很多隐患：在经济上，重建后物业的出租、出售价格大幅上涨，推高了城市营商成本；在空间上，重建后建筑的容量激增，给部分基础设施已经高荷载的地区带来严峻的压力；在社会上，拆除重建彻底改变了居住群体的社会属性，将夹心层和低收入群体不断向城市边缘挤压。在此背景下，深圳近年来不断修订、更新相关政策，避免单纯大拆大建，鼓励因地制宜，开展多元更新，满足城市多样化的发展需求（表 9-2）。

表 9-2　深圳城市更新类型与特征

更新类型	特征
拆除重建	将原有建筑物拆除后，按法定规划重新建设；可以改变土地使用权的权利主体和使用期限
综合整治	不改变建筑主体结构和使用功能，主要为消防设施、基础设施和公共服务设施、沿街立面改善，环境整治和建筑节能改造等
功能改变	改变部分或者全部建筑物使用功能，但不改变土地使用权的权利主体和使用期限，保留建筑物的原主体结构
复合式更新	以综合整治为主，融合功能改变、加建扩建、局部拆建等方式

9.3.1 鼓励旧工业区复合式更新

目前深圳旧工业区更新主要以拆除重建方式推进，用于发展商业居住等非产业功能或研发办公等新型产业功能，在空间形态和成本上

都无法继续发展先进制造业。而先进制造业特别是高科技制造业仍然是深圳未来产业和科技创新的基石，是城市保持独特竞争力和发展活力的重要因素。

在此背景下，深圳出台政策，鼓励旧工业区开展以综合整治为主，融合功能改变、加建扩建、局部拆建等方式的复合式更新，增加一定比例的辅助性公用设施，适度增加生产经营性建筑面积。通过复合式更新，旧工业区在保留产业主导功能的同时，完善了综合配套，满足了一定的产业空间扩张需求，为产业转型升级提供了空间支撑。

9.3.2 加强城中村综合整治

城中村在深圳快速城镇化进程中承担了重要的住房保障职能，在提高城市职住平衡水平、传承城市文化脉络方面发挥着重要功能。深圳城市更新全面推进 10 年来，城中村拆除重建大举推进，原经济特区内区位较好且权属相对清晰的城中村大多已经被列入更新计划。

在房价快速攀升的今天，城中村平抑居住成本、提高职住平衡水平、承载多元文化的历史价值日益凸显，因此，深圳开始强化对城中村更新模式的引导，在全市划定了城中村综合整治范围。一方面，限制纳入综合整治范围内城中村的拆除重建项目，最大限度保留城中村居住用地，缩小拆除规模；另一方面，鼓励纳入综合整治范围内的城中村以消除安全隐患、改善居住环境和配套服务为目标，开展以综合整治为主，融合局部拆建、功能改变的复合式更新，建立城中村综合整治的利益共享机制，提高市场主体和股份合作公司的积极性。

9.4 公益优先，重点保障公共服务水平

随着城市的高速发展及人口的快速增加，城市对公共设施的需求日益增长，但是全市规划的公共设施实施率仅有 50%，且大部分位于现状建成区难以落实。因此，深圳城市更新改变了传统由政府主导新增土地收益分配的局面，坚持市场主体、产权主体和社会的共赢，政府主要立足于各类公共配套项目的落地，特别制定了更新促进公共项目建设的相关政策，为完善城市服务体系提供空间支持。

9.4.1 内部贡献独立占地公共设施用地

拆除重建类城市更新单元应将不小于拆除范围用地面积的 15% 且大于 3 000 m^2 的独立用地无偿移交政府，用于独立占地的城市基础设施、公共服务设施或城市公共利益项目，如学校、道路、变电站等。在实践中，项目实际的平均土地贡献率达到 30% 左右，有效增加了城市公共服务设施供给。

9.4.2 内部配建非独立占地公共设施用房

除独立占地的公共服务设施外，城市更新项目还需要在开发建设用地上配套建设社区服务中心、文化活动室、社区健康服务中心、老年人日间照料中心等各类非独立占地的公共服务设施。公共配套设施应在《深圳市城市规划标准与准则》的基础上增配 50% 且不小于 1 000 m^2，开发主体建成后无偿移交政府。

9.4.3 捆绑移交外部公共利益用地

除更新项目内部贡献用地和用房外，深圳还出台了专门政策，将位于拆除重建类更新项目拆除范围以外的公共利益用地与更新项目实施捆绑，由更新项目实施主体理顺经济关系，将完成捆绑的“公共利益用地”建筑拆除并无偿移交国有，用于规划公共利益项目建设。更新项目则能够从中获得合法用地比例的提高和外部转移容积率的补偿。这样既促进了规划公共利益项目的实施，又解决了部分拟进行拆除重建类更新片区合法用地比例不足的问题。

9.5 分级分类，定向增加政策性用房供应

9.5.1 保障性住房配建

1）配建要求及配建比例

近年来，深圳城市人口持续净流入，住房需求旺盛，原有住房结构不合理，住房供需矛盾日益突出，造成房价高位徘徊，低收入群体、新就业大学生、部分专业技术人员和“夹心阶层”住房支付能力不足。面对新增土地供应的约束，城市更新已经成为深圳保障性住房供应的重要途径。为此，深圳市先后出台多项政策，大力推动更新项目中的保障性住房建设。

更新配建保障性住房的项目包括改造为住宅、商务公寓以及新型产业三类（新型产业项目非强制配建）。配建比例由基本配建比例与修正配建比例两部分组成。基础配建比例以三类地区为空间基础（详见本书第 8 章），按照项目的区位和类型分级分类计算，其中旧工业区（仓储区）或城市基础设施及公共服务设施改造为住宅的项目由于营利空间较大，配建比例最高。在基准配建比例基础上，再依据项目的区位、预期营利水平、土地贡献比例等情况进行核增或核减，最终确定具体项目的配建比例要求（表 9-3）。

表 9-3　深圳市城市更新配建保障性住房比例要求

配建类型	一类地区	二类地区	三类地区
城中村以及其他旧区改造为住宅	20%	18%	15%
旧工业区（仓储区）或城市基础设施及公共服务设施改造为住宅	35%	33%	30%
改造为商务公寓	20%	18%	15%
改造为新型产业	15%—20% 独立占地，非强制性		

2）配建类型及分配方式

更新项目配建的保障性住房包括公共租赁住房、安居型商品房、拆迁安置用房、人才住房等多种类型。具体的配建类型视项目区位、面积、开发条件以及周边地区需求等多种因素确定，由实施主体与住房建设主管部门签订协议明确。

更新项目配建的保障性住房多由项目实施主体代建，一般是由项目实施主体在更新项目中一并建设。对于改造规模较大的项目，若应配建的保障性住房建筑面积超过 30 000 m^2，可根据情况在更新项目中单独划出用地建设。

配建类型为公共租赁住房、拆迁安置用房和人才住房的，建成后多由政府回购，产权归政府所有，该部分可以免缴地价，相应的用地计入城市更新用地移交率。配建类型为安居型商品房的，建成后可由实施主体按照与主管部门约定的住房价格和对象进行销售，按 50% 的比例缴纳优惠地价（表 9-4）。

表 9-4　深圳市更新配建保障新住房类型及相关政策

<table>
<tr><th colspan="2">类型</th><th>保障类型</th><th>是否回购</th><th>地价计收标准</th></tr>
<tr><td colspan="2">公共租赁住房</td><td>户籍中低收入居民；提供基本公共服务的相关行业人员、制造业职工</td><td>是</td><td>产权归政府所有，免缴地价</td></tr>
<tr><td colspan="2">拆迁安置用房</td><td>面向项目回迁居民</td><td>是</td><td>产权归政府所有，免缴地价</td></tr>
<tr><td rowspan="2">安居型商品房</td><td>改造为居住用地</td><td rowspan="2">符合收入财产限额标准的户籍居民</td><td>否</td><td>按住宅部分应缴地价标准的 50% 计收，最高不超过公告基准地价</td></tr>
<tr><td>改造为新型产业用地</td><td>否</td><td>住宅类公告基准地价标准的 50%</td></tr>
<tr><td rowspan="2">人才住房</td><td>改造为商务公寓用地</td><td rowspan="2">企事业经营管理、专业技术、高技能、社会工作、党政等各方面人才</td><td>是</td><td>产权归政府所有，免缴地价</td></tr>
<tr><td>改造为居住用地</td><td>是</td><td>产权归政府所有，免缴地价</td></tr>
</table>

9.5.2 创新型产业用房配建

创新型产业用房是根据创新型企业的发展需求建设、筹集并按政策出租或出售的生产、研发、运营以及其他配套设施的政策性产业用房。为加大对创新型产业的支持力度，形成支持创新型产业发展的长效机制，2016 年出台的《深圳市城市更新项目创新型产业用房配建规定》对更新项目配建创新型产业用房的项目类型、配建比例、建设主体、产权主体及租售方式等做了明确规定。

根据该规定，在升级改造为新型产业用地功能[②]的拆除重建类城市更新项目中，项目实施主体应在项目实施过程中一并建设创新型产业用房，其建筑面积应占项目研发用房总建筑面积的 12%。建成后政府回购的，产权归政府所有；政府不回购的，产权归项目实施主体所有，但需按照政府规定的对象、价格和方式进行使用和租售。

9.6 精细管理，科学、合理确定开发强度

更新单元容积率是更新项目博弈的焦点，容积率过低，无法满足项目可行的拆建比门槛，难以落实成规模的公共服务设施和市政交通设施。容积率过高，又会对城市支撑系统产生较大冲击，造成寻租空间。为此，深圳出台了更新单元规划容积率审查的专项规定，以增强更新单元容积率审查的科学性、提高依法行政水平。

9.6.1 以实现公共利益为目的，设定容积率奖励

城市更新项目的容积率分为基础容积率、转移容积率和奖励容积率三种类型。《深圳市拆除重建类城市更新单元规划容积率审查规定》（以下简称《审查规定》）细致具体地规定了不同类型容积率的适用情景及标准，通过增加转移容积率和奖励容积率，对城市更新项目中超额落实公共利益的部分进行补偿和激励，鼓励增加医疗、教育、文化设施等公共利益设施的供给，强化历史建筑与历史风貌区保护。

转移容积率主要针对独立占地的公共项目，如教育设施、医疗设施、文化设施以及需移交用地的历史建筑或风貌区等类型，进行补偿和激励。由于现有更新项目对落实初中、高中及医院等占地较大的高等级公共设施缺乏动力，因此《审查规定》特别针对上述项目提高了转移容积率标准，在一般转移容积基础上，按移交用地面积与基础容积率乘积的 0.3 倍再予以增加。

奖励容积率则是针对非独立占地公共项目进行补偿和激励，包括各类附建的公共设施、市政设施、交通设施，以及保障性住房、创新型产业用房、无须移交用地的历史建筑等类型。为鼓励更新项目落实厌恶性设施，《审查规定》特别提出，如附建式设施为垃圾转运站、公共厕所及

② “新型产业用地”是 2011 年版《深圳市城市规划标准与准则》制定的产业用地类型，代码为 M0，定义为“融合研发、创新、设计、孵化、中试、无污染生产等创新型产业功能以及相关配套活动的用地”。较传统产业用地，M0 的配套功能比例和容积率大幅提升，从而满足土地紧约束的条件下产业空间转型升级的需求。

变电站等类型，可以按该类建筑面积的 3 倍进行奖励。《审查规定》还明确了奖励容积率的上限，要求各类奖励容积率叠加之和不能超过基础容积率的 30%。以避免高容积率对城市系统造成的过度压力（表 9-5）。

表 9-5　城市更新单元规划不同容积率及其计算标准

名称	管理要求
基准容积率	按照全市统一的密度分区确定
转移容积率	实际土地移交率超出基准土地移交率核算出的用地面积与基础容积率的乘积； 涉及初中、高中、综合医院、额外增加的 5 000 m^2 以上文化设施、额外增加的小学、历史风貌区等移交用地，按该类移交用地面积与基础容积率成绩的 0.3 倍再予以增加； 保留特定历史建筑或历史风貌区且将土地无偿移交政府
奖励容积率	按规定配建的人才住房、保障性住房、人才公寓及创新型产业用房按建筑面积进行奖励。 按规定落实的附建式公共设施、交通设施及市政设施按建筑面积进行奖励。如设施为社康中心或老年人日间照料中心，按 2 倍奖励；如设施为垃圾转运站、公共厕所及变电站，按 3 倍奖励。 经核准设置的公共性地面通道、地下通道、空间连廊，按投影面积进行奖励。 保留特定历史建筑但无须移交土地的，按保留建筑面积投影面积的 1.5 倍作为奖励

9.6.2　以项目可行性为标准，开展容积率校核

拆建比是指项目拆除的建筑面积与开发建设的建筑面积之间的比值。城市更新项目需要向原权利人支付拆迁补偿安置费用，较新建项目投入更大、投资回报周期更长，只有满足一定拆建比才能够保证项目经济上的可行性。如需要拆除的容积率过高，按照可行的拆建比，项目就有可能突破技术标准下所确定的容积率要求。

对此，容积率审查规定提出采取新项目新办法、老项目老办法的处置原则。对于尚未列入更新计划的城中村和旧屋村，如果现状容积率已经超过 2.5，除因落实重大城市基础设施和公共服务设施的需要外，规划建议不再列入拆除重建类城市更新。对于已列入更新计划的城中村、旧屋村，审批规则还结合以往更新项目经验，提供不同拆除面积经济可行的拆建比参考，允许该类项目综合考虑住房回迁、项目可实施性因素，对容积率进行校核，以推动项目的实施。

9.7　分类处置，逐步化解历史遗留问题

受二元化发展路径影响，深圳原村集体组织继受单位违法侵占土地、

政府征地补偿不到位、返还用地指标无法落实等历史遗留问题交织层叠。在土地资源紧约束的趋势下，政府和原农村集体及其继受单位的土地使用权之争，成为困扰深圳土地开发的重点问题。

针对合法外用地“政府拿不走、村民用不好、市场难作为”的困境，深圳更新通过对合法用地的认定、合法外用地的分类处置，逐步化解历史欠账、助力违法建筑管治疏导，成为化解历史遗留问题的关键手段。

9.7.1 尊重历史，强化多类合法用地认定

基于尊重历史、尊重客观现实的原则，深圳在城市更新中清晰界定了合法用地类型，除国有已出让用地外，还包括原经济特区外的非农建设用地以及原经济特区内的红线用地、征地返还用地、旧屋村等多种类型。

其中，非农建设用地是深圳城市化进程中将集体土地转为国有用地后，政府为满足原农村集体经济组织继受单位生产生活需求，根据相关规定[③]划定的非农用地，包括工商用地、居民住宅用地和公共设施用地三种类型。非农建设用地是原集体继受单位最主要的合法用地来源，因为尚有大量非农指标无法落地，深圳还允许以区为单位，向更新单元内调配非农指标。这一方面可以提高单元内的合法用地比例、满足拆除重建类更新对合法用地比例的门槛要求，另一方面还可以核销空悬的非农用地指标、弥补政府的历史欠账。

9.7.2 简化操作，允许特定违法用地转化

除直接认定合法用地外，更新中还允许满足一定政策要求[④]的历史遗留违法用地，在不影响城市规划的情况下，通过简易处理转化为合法用地，并纳入更新合法用地指标。历史遗留违法用地重在化解原农村集体经济组织继受单位及其成员的历史违法建设行为，但并不包括非原村民的住宅类违法建筑以及以房地产开发为目的未经批准建设的住宅类非法建筑（俗称小产权房）。

9.7.3 单元统筹，合法外比例与贡献率挂钩

对于既不能直接认定合法，也不能通过历史遗留问题处置转化为合法的用地，深圳城市更新政策也给出了一定的解决方案，其核心思路就是政府让利、集体让地、梯度贡献。

政府允许原农村集体经济组织继受单位及其合作方将一定比例的合法外用地纳入城市更新单元，合法外用地比例越高，项目需要移交政府的用地就越高，集体经济组织继受单位自行保留用于更新的用地比例相应降低，但仍然高于其更新前的合法用地比例水平（表 9-6）。

③ 相关政策主要包括 1993 年的《深圳市宝安、龙岗区规划、国土管理暂行办法》和 2004 年的《深圳宝安龙岗两区城市化土地管理办法》，在宝安、龙岗所。

④ 相关政策主要包括 2001 年出台的《深圳经济特区处理历史遗留违法私房若干规定》、2002 年的《深圳经济特区处理历史遗留生产经营性违法建筑若干规定》，以及 2009 年的《深圳市人民代表大会常务委员会关于农村城市化历史遗留违法建筑的处理决定》。

表 9-6　拆除重建类城市更新项目历史用地处置比例表

拆除重建类城市更新项目		交由继受单位进行更新的比例（%）	纳入政府储备比例（%）
一般更新单元（合法用地比例≥ 60%）		80	20
重点更新单元	合法用地比例≥ 60%	80	20
	60% ＞合法用地比例≥ 50%	75	25
	50% ＞合法用地比例≥ 40%	65	35
	合法用地比例＜ 40%	55	45

更新完成后，政府将更新后的开发建设用地以协议方式出让给原农村集体经济组织继受单位或其合作方，在收取较低的优惠地价之后，该土地就可以转化为合法用地，纳入全市统一的用地管理渠道。

总体而言，经过多年实践探索，深圳以“政府引导、市场运作”为特点，在城市更新领域已经建立了成熟、有效的制度体系。但在市场运作背景下，单一项目不可避免地追求经济利益最大化，而城市更新本身是一项涉及多方利益平衡的系统性、社会性工程。目前政府仅能对单一项目中“显性”公共利益，如按照项目规模和标准所必须配建的各类公共服务设施、市政设施和保障性用房进行识别，但对项目背后的“隐形”公共利益，如以拆除重建为主的更新方式对城市空间成本的抬升、多个项目集聚造成的公共配套服务缺口、更新物业与城市产业发展需求方向的偏差等，缺乏有效的调控手段。

因此，深圳未来仍需要不断依据城市发展的新需求和城市更新领域的新问题，不断优化、完善相关制度体系。一是要更好地平衡政府与市场的关系。在保持“政府引导、市场运作”的同时，针对重点地区或公共设施严重缺乏地区加强政府统筹，进一步优化重点更新单元制度设计，由政府组织编制单元规划，明确综合性的更新目标，并且通过各种激励政策引导市场主体参与，保障规划目标落实。二是要更好地协同市、区两级政府的关系。加强市层面的规划引导、政策调节和实施监督，尽量保持政策、规划和标准的统一，避免市与区之间的政策冲突和区与区之间的政策竞争。三是要继续优化多元更新政策。合理调节市场预期，在全市层面预先形成对更新节奏和更新方式的引导，合理运用拆除重建、综合整治和复合式更新等手段，引导全市更新有序推进。

10 深圳城市更新案例

深圳城市更新具有“政府引导、市场运作”的特点。政府引导主要体现在制定政策、确定规则，在市区城市更新专项规划中确定更新目标与规模结构，在更新单元规划审查中对用地性质、开发强度以及配套设施贡献进行把关。市场运作则体现在城市更新项目由市场主体主导，更新单元范围的划定、更新单元计划的申报、更新单元规划编制以及搬迁补偿、开发建设等均是市场行为。政府与市场间通过双向反馈、互动协商，在实践过程中不断推动城市更新模式的完善。

为更深入地阐释深圳城市更新的特点，本章将选择深圳城市更新的三个典型案例进行剖析：第一个是由村集体与市场企业合作开发的华润大冲村拆除重建；第二个是由村集体与市场企业合作开发的天安云谷拆除重建；第三个是由政府与市场企业合作实施的深业水围村综合整治。三个项目都是较为成功的城市更新项目，均涉及村集体、市场企业与政府等不同主体，但因更新类型及更新模式的差异，主体间的合作方式与各自承担的角色体现出较大差异。案例研究有助于我们理解深圳“政府引导、市场运作”的特点，还可以进一步辨析不同更新模式间的差异。

10.1 华润大冲村拆除重建项目

10.1.1 项目概况

大冲村地处深圳市高新技术产业园区（以下简称科技园）东部，东临大沙河与沙河主题公园，紧邻深南大道、沙河西路等城市重要干道，区位条件优越。由于生活便利、交通方便、租金低廉，大冲村成为在科技园上班的普通白领和周边服务业从业人员首选的落脚地。但是村内楼房密集、小巷狭窄、居室昏暗（图 10-1），不足 70 hm^2 的用地上，高峰期集聚的人口接近 7 万人，暂住与常住人口比率接近 30：1，市政及公共服务设施严重不足，造成了非常大的消防隐患与较大的治安管理压力。

经过将近 10 年的努力，2011 年大冲村拆除重建项目正式启动，项目拆除用地面积约为 47.1 hm^2，开发建设用地面积约为 36 hm^2，是当时广东省内最大的城中村整体改造项目。改造后的大冲村建成了 300 m 高的标志性写字楼、一座五星级酒店，一座超大型购物中心，以及现代化的居住社区，由城中村转型为集居住、零售、餐饮、娱乐、休闲、文化及康体于一体的城市综合体（图 10-2）。

图 10-1　城市更新前的大冲村

图 10-2　城市更新后的大冲村

10.1.2　更新模式

大冲村拆除重建项目由房地产企业与集体股份合作公司合作开展，直接或间接参与其城市更新过程的主体主要包括四种类型：一是集体股份合作公司，即大冲实业股份有限公司；二是开发商华润集团；三是项目所在的南山区政府及其城市更新机构；四是购买或租赁城市更新后形成商品住宅的市民及企业等（图 10-3）。

1）大冲股份合作公司与华润集团签订框架协议，协助厘清产权关系

大冲实业股份有限公司及其股民是大冲村城市更新最主要的原始产权人，拥有原集体所有土地的使用权和地上构筑物的所有权。早在 2002 年，大冲村就被深圳市政府列为旧村改造试点。但政府的搬迁补偿无法达到村民预期，直到 2007 年，政府引入华润集团与大冲实业股份有限公司签订《深圳市大冲村旧村改造项目合作框架协议》，通过市场化谈判方式，大冲村城市更新才取得实质进展。双方约定，大冲村更新以“整村改造、就地安置”的方式开展，并且在首期先行建设回迁用房。

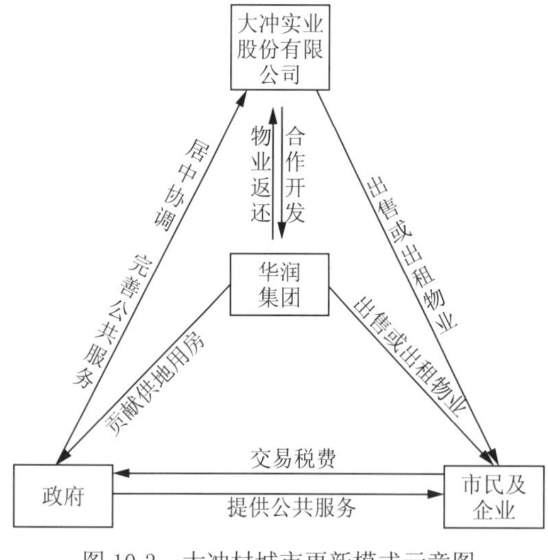

图 10-3　大冲村城市更新模式示意图

框架协议签订后，华润集团和大冲实业股份有限公司及其股民启动了具体的搬迁补偿谈判工作，谈判过程持续了 4 年时间，最终平均建筑面积拆赔比约为 1∶1，货币补偿为 1.1 万元/m^2。由于签约时间、建筑质量和合法产

权建筑比例等多种因素，各户标准并不完全统一。在此期间，大冲实业股份有限公司以股东代表大会为议事平台，以宗族血源作为纽带，对华润集团与大冲实业股份有限公司内部小产权人谈判起到了一定的促进作用。

2）华润集团作为单一产权主体取得土地使用权，并向原权利人返还物业

2011 年，大冲村拆除重建项目正式完成搬迁补偿协议签订，大冲实业股份有限公司向华润集团让渡了更新期间的建筑所有权和土地使用权，由华润集团形成单一产权主体，自行拆除、清理更新范围内的建筑和附着物。

项目开展后，华润集团按照协议约定，在项目一期完成了大冲新城花园、大冲都市花园等回迁用房的建设，建成写字楼、酒店等可用于长期出租的经营性物业等，用于返还大冲实业股份有限公司及其股民，并且同步配建了市政道路和公共配套设施。返还的住宅和经营性物业均为完整产权的商品房，大冲实业股份有限公司及其股民获得后可以自用或出租，也可以正常上市交易流通。

3）政府收取优惠地价，获得项目贡献用地与用房

华润集团在形成单一产权主体后，向政府主管部门申请建设用地审批，由主管部门与其签订土地使用权出让合同，华润集团按规定缴纳地价，主管部门按照各类用地的最长时限重新确定了土地使用权期限。作为早期城市更新项目，大冲村的地价按照修订前的《深圳市城市更新办法》执行，城中村容积率在 2.5 以下的无须补缴地价，容积率为 2.5—4.5 的按照公告基准地价标准的 20% 补缴地价，大大低于正常的居住用地招拍挂价格。

作为回报，华润集团需要在城市更新过程中，向政府无偿移交道路、学校等独立占地的公共服务设施用地，包括一所占地面积约为 1.6 hm^2 的小学、一所占地面积约为 2.2 hm^2 的九年一贯制学校以及一所 110 kV 的变电站等，上述设施用地移交后，由政府直接投资建设。大冲村拆除重建项目还配建有约 2.8 万 m^2 的公共配套设施和市政配套设施，由华润集团代建、政府按成本价回购，部分设施由华润集团代为运营。

政府在城市更新实施过程也发挥了重要的协调人角色。南山区政府派出 30 余人的驻点工作组进驻大冲村协调合作双方开展工作，旧改三方团队携手并肩，依靠主流民意的支持，推动了大冲村拆除重建项目的顺利实施。

4）市民购买更新后形成的商品住宅

市民是城中村城市更新利益链条传导的最后一环。大冲村更新后形成约 140 万 m^2 的高品质商品住宅，分批次进入市场流动，大大增加了科技园片区的住房供给。住宅的来源主要有两种类型：一类是由华润集团在房地产一级市场直接销售的商品住宅，该部分也是华润集团参与拆除重建项目最主要的利润来源；另一类是由大冲实业股份有限公司股民在房地产二级市场出售的部分还迁用房。

10.1.3 更新效应

1）提升城市功能与环境品质

大冲村拆除重建项目改造前以居住用地和集体自留的工商业用地为主，公共服务设施用地与市政交通设施用地严重不足，公共服务设施用地的比例仅有 3%。项目更新后，公共设施用地占比提升到 9% 左右，较更新前的比重大幅提升，对完善城市公共服务功能起到了非常积极的作用（图 10-4）。

此外，通过城市更新对片区内的道路网进行了整体重构，重塑深南大道、沙河西路两条主干道的城市界面，打通了铜鼓路、科发路、大冲一至六路等城市道路，并建设了一个占地 4 000 hm^2 的公交首末站，全面改善了片区内外交通联系和内部微循环。项目还提供了约 3.3 万 hm^2 的公共开放空间，形成了安全、舒适、立体化的慢行系统。

更新前

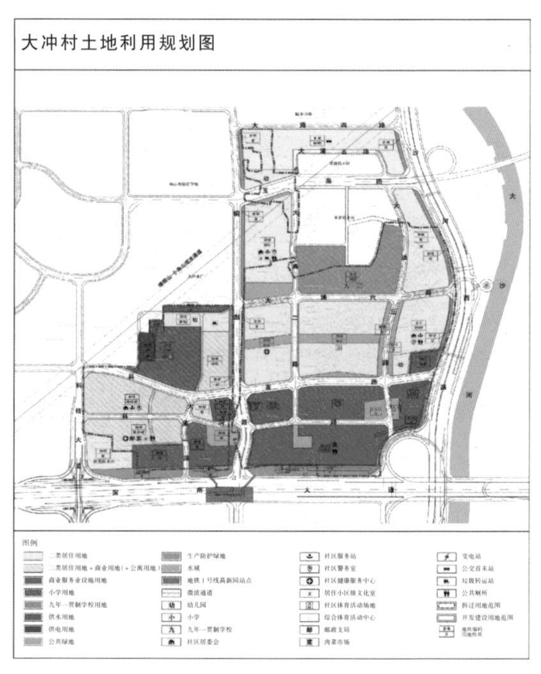

更新后

图 10-4　大冲村城市更新前后用地功能对比图

2）增进历史文化保护

大冲历史悠久，是深圳西部地区最古老的村落之一，可考的村落有大冲、阮屋、吴屋三个百年老村，还有郑氏宗祠、大王古庙等古建遗存，这里定期举行大盆菜活动和敬老活动，是岭南文化传承的重要载体。为此，在大冲村拆除重建项目中，对大冲石、大王古庙、郑氏宗祠、水塘和古树进行了重点保留（图 10-5），并且通过适当方式进行修葺整治。整治时，遵循原有街道肌理打造内部商业主街，将郑氏宗祠、大王古庙、水塘三个开放的空间节点有机融合，延续历史文脉并发扬创新，为大冲人守住了精神家园和历史记忆。

3）推动原农村集体社区转型发展

改造后大冲实业股份有限公司的集体物业包括写字楼、酒店、还迁自住区、体育馆等，一期建成后，集体物业的租金就已经上涨到城市更新前的5倍，集体经济实力大大增强，村民也因单位面积物业租金提升而提高了收益。同时，大冲村旧改也改变了大冲的经济模式和生活观念，充足的现代化配套设施极大地丰富了居民的物质文化生活，使原村民有更多的机会参与住宅、酒店和写字楼的运营和管理，从而逐步实现管理方式和生活理念的同步现代化。

图 10-5　更新修葺后的大王古庙

10.1.4　经验启示

大冲村拆除重建项目是深圳最早一批启动的城中村改造项目，在项目推进中有很多宝贵经验，譬如城市更新单元规划的编制、拆除重建范围与开发用地范围的界定、利益平衡方式、单一产权主体的形成过程等，都为《深圳市城市更新办法》及其实施细则的制定提供了宝贵的实践样本。

最重要的是，大冲村拆除重建项目的成功起到了非常积极的示范效应，充分证明了“政府引导、市场运作”的更新模式在推动实施方面具有显著优势。从大冲村拆除重建项目中可以更加直观地看出，这一更新模式的关键就是政府向集体股份合作公司和市场适当让利，借助“市场之手”解决困扰多年的城中村土地产权和建筑产权问题，提高城市空间利用效率和建设品质，从而获得政府、市场、集体和社会的共赢。

站在历史的角度上看，大冲村拆除重建项目总体上无疑是非常成功的，但更新改造后租金大幅提升，将大量原来居住在村内的科技园白领和服务业从业人员进一步向城市外围挤压，租户的利益无法得到保障。片区职住平衡水平降低，交通拥堵情况加剧。通过对大冲更新经验的总结，深圳更加深刻地认识到城中村对城市发展的独特价值，更加客观理性地看待城中村旧改，也因此催生了下文以综合整治为主的城中村更新试点。

10.2　天安云谷拆除重建项目

10.2.1　项目概况

深圳的产业发展空间紧缺、产业转型升级速度快。如何充分发挥旧工业区潜力，服务于城市科技产业创新发展的总体目标，一直是深圳城市更新的重点问题。天安云谷拆除重建项目就是由集体股份合作公司与市场主体合作开展的以旧工业区升级改造为主的综合性城市更新项目。

该项目位于深圳市龙岗区坂雪岗科技城西北部，毗邻华为技术有限公司坂田总部，总面积为 76.15 hm^2。改造前以城中村和低层厂房为主，部分厂房已废弃，产业主要是五金、模具、塑料制品等，类型混杂，产能低下。城中村建筑密度高，消防、市政、道路交通等配套设施严重欠缺（图 10-6）。产业发展、建设水平和配套条件与坂雪岗科技城的产业和就业人口的需求存在非常大的差距，为促进产城高水平发展，需要采取整体拆除重建的方式进行更新。

2010 年，天安骏业集团入驻片区启动更新工作；2011 年，该项目被列入全市更新计划；2012 年，该项目的单元规划在深圳市建筑与环境艺术委员会审议通过；2013 年年底，该项目一期落成并投入运营，发展为以信息技术为主导的新型产业园区（图 10-7），对片区产业空间拓展、功能完善、品质提升发挥了重要作用。

图 10-6　更新前的天安云谷项目

图 10-7　更新后的天安云谷项目

10.2.2　更新模式

天安云谷拆除重建项目是由企业和集体股份合作公司合作开发的以旧工业区升级改造为主的综合类更新项目。直接或间接参与城市更新过程的主体，主要包括四种类型，分别是项目原始产权人岗头股份合作公司及其股民、产业地产商天安骏业集团、居中协调的龙岗区政府和购买或租赁产业空间的企业。上述主体间具体的互动关系如下（图 10-8）：

1）岗头股份合作公司与天安骏业集团合作开展更新

在天安云谷拆除重建项目中，项目土地使用权属于岗头股份合作公司。天安骏业集团为岗头股份合作公司选择的城市更新合作主体，双方在更新前协商签订搬迁赔偿协议，明确由天安骏业集团给岗头股份合作公司及其股民的物业回迁与货币置换条件，其中，物业回迁标准为 1∶1，即工业厂房与居住面积还建同等面积的产业研发用房和住宅面积。随后，天安骏业集团取得土地使用权并进行项目投资和开发建设。

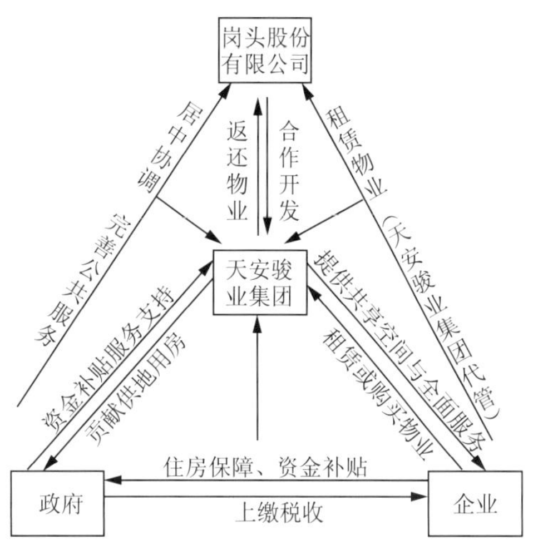

图 10-8 天安云谷城市更新模式图

项目建成后，天安骏业集团按照协议约定，在项目一期优先将约 13 万 m^2 的物业返还给岗头股份合作公司，并且利用自身优势，帮助岗头股份合作公司引入了华为终端（深圳）有限公司承租。改造后股份合作公司的物业租金和市场估值大幅上涨，年收入从 800 万元提升到 5 000 万元。其他办公楼宇则由天安骏业集团按照《深圳市工业楼宇转让管理办法（试行）》（2013 年）中关于工业楼宇分割转让的相关规定，部分出售给生产经营企业，部分由其自持，以平衡现金流压力和远期发展的需求。

2）天安骏业集团搭建产业园区运营管理平台

天安云谷拆除重建项目的实施主体天安骏业集团不是单纯的地产开发商，而是一家成熟的产业地产运营商。因此，在天安云谷拆除重建项目建成后，天安骏业集团作为园区运营管理主体参与后续发展，为企业提供了基础性的物业管理、多样化的生活服务、特色化的智慧园区服务以及更加深入的采购供应、融资租赁、创新孵化等专业服务，保障了园区品质。在物业服务方面，云谷配建有会议室、多功能国际会议中心等可供企业租赁的共享空间（图 10-9），用于企业组织客户接待、成果展示和新闻发布等活动，降低了入园企业的运营成本，实现中小企业“拎包入住”。天安云谷拆除重建项目还通过多种智能终端及高速局域网连接了园区空间与公共设施，对园区设施、设备、资源进行实时感知、分析、决策和控制，为园区企业提供集成化的桌面云服务和一站式的园区云服务。同时以社交化和移动化为特色，为园区人才搭建了线上线下于一体的美食、娱乐、运动和学习的社交化平台。

3）龙岗区政府与天安骏业集团合作打造园区公共服务平台

天安云谷拆除重建项目除了常规的园区服务外，还推进了深圳首个政企合作的“龙岗区行政服务大厅天安云谷分中心”建设。按照“政府支持、企业为主、共建共享”的原则，由政府部门派驻专职管理人员，园区选聘

图 10-9　园区共享会议室

图 10-10　园区行政服务大厅

平台窗口服务人员，构建涵盖了从社保、档案管理、人事代理、职业培训补贴申请、专业技术资格核定、保障性住房申报等 186 项行政许可服务，将原本分散在各个政府部门的服务整合到园区平台一站式受理，大大降低了企业和业务办理难度（图 10-10）。

10.2.3　更新效应

1）优化土地利用结构，增加设施供给

天安云谷拆除重建项目划定的拆除用地面积为 59.66 hm^2，占更新单元总面积的 78%。更新前以工业和居住用地为主导。更新后项目开发建设用地的面积缩减到 45.5 hm^2，其中工业用地为 28.8 hm^2，保持了工业用地的主导地位。另有产业配套用房、住宅、商业服务业、酒店、商务公寓以及公共配套设施等多种功能，形成集研发、居住及商务环境于一体的新兴产业综合体（图 10-11）。

除开发建设用地外，该项目无偿移交政府用于建设道路、学校和公共绿地的土地面积为 14.2 hm^2，项目的土地贡献率达到 23.8%。规划设置了高密度的地上地下一体化的道路交通系统，区内还将建设一所 56 轨的九年一贯制学校，为片区及周边地区提供基础教育服务。除用地贡献外，项目还将提供约 3.5 万 m^2 的保障性住房、7 万 m^2 的创新性产业用房、2.8 万 m^2 的非独立占地公共服务设施和市政交通设施，切实提高了公共利益。

2）实现产业空间高质量发展

该项目在更新前的建筑量为 104.34 万 m^2，毛容积率约为 1.37，净容积率约为 1.74。按拆建比

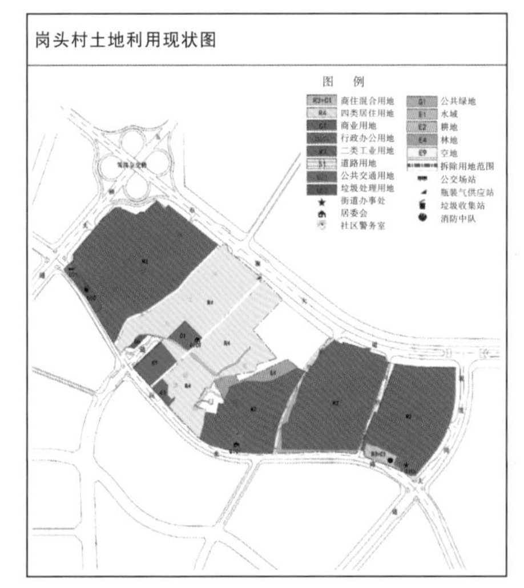

更新前

更新后

图 10-11　天安云谷拆除重建项目更新前后用地功能对比图

约 1：2.8 进行更新后，净容积率的建筑面积提升到 289 万 m^2，毛容积率和净容积率分别达到 3.8 和 4.8，提升了土地利用效率。

在开发强度提升的同时，片区的建设品质也得到显著提升。低矮的厂房和城中村握手楼被拆除，取而代之的是现代化的建筑、开放舒展的公共空间、完善便捷的立体交通体系。东西向以二层空中连廊为依托，形成了富有创意活力、便于交流分享和知识传播的开放走廊；南北向结合泄洪渠设计，形成联系北侧山体水库和南侧城市级绿廊的大型公共开敞空间。

3）推动产业升级与产业集群发展

依托天安骏业集团长期的园区运营经验和丰富的企业资源，在项目规划阶段就制订了清晰的产业目标和招商计划。该项目一期以云计算、互联网、物联网、新一代信息技术等产业为重点，通过龙头企业招商和产业链招商并进的方式，引入了华为终端（深圳）有限公司、埃森哲（中国）有限公司深圳分公司、深圳市安奈儿股份有限公司、深圳市艾比森光电股份有限公司、深圳市晶科鑫实业有限公司等相关领域的知名企业与上市公司，成功孵化了一批初创企业与项目，聚集企业近 300 家，年产值达 1 800 亿元，税收超过 50 亿元，更重要的是形成了以云计算和新一代信息技术为特点的产业集群，集聚了一批产业链上下游企业，为龙头企业的发展提供了有力支撑。全部建成投产后，预计将引进约 3 000 家科技企业、研发及专业配套机构，实现产值 3 000 亿元，税收超过 500 亿元。

10.2.4 经验启示

天安云谷拆除重建项目不仅实现了建筑空间的更新、发展模式的转变，还实现了产业内涵的更新以及运营服务水平的提升。该项目的成功有多方面因素：首先是侧重产业发展、注重长远经济利益。选择专业的园区运营商作为更新主体，在更新单元规划编制时确定了清晰的产业定位；项目建成后，运营商利用长期的行业资源沉淀积累，实现了既定的产业规划目标，并且通过物业长期持有延续产业集群发展目标。其次是规划过程强调产、城、人融合发展，精确匹配了目标企业办公、研发、会议、展览展示等多方面的空间需求，满足了就业人群餐饮、娱乐、教育、医疗等多样化的综合配套需求，打造了一个人性化的产城融合的产业社区。

天安云谷拆除重建项目在后续实施中也存在一些难点和问题。由于更新范围较大，该项目原计划在 2012 年至 2020 年的 9 年内分 6 期建成。其中，一期、二期的更新对象主要是开发强度较低、产权较为单一的旧工业区，因此推进较为顺利。后续的更新对象则是开发强度高、产权复杂的城中村，由于周边房价上涨，原村民对住宅的补偿要求一再提高，拆除协议迟迟无法签订，整体建设时序大幅滞后，所规划的部分公共服务设施也尚未落实。因此，深圳在更新项目立项过程中进一步优化分期设计，原则上要求重点公共项目在一期落实。

10.3 深业水围村综合整治项目

10.3.1 项目概况

水围村位于深圳市福田中心区，距离福田口岸仅 1.5 km，区位良好，交通便利。村内建筑建成年代早，楼间距小，私搭乱建情况突出，存在非常大的燃气、电力、消防等安全隐患。因为“农村城市化历史遗留违法建筑”较多，水围村无法满足拆除重建类更新立项的要求，但福田作为深圳城市中心，房价高企、住房保障不足的问题突出。

在深圳市多渠道增加住房供应、构建“租售并举”住房体系的要求下，福田区结合城中村安全隐患整治以及人才住房建设需要，联合深业集团与水围实业股份有限公司，采取“统租运营 + 物业管理 + 综合整治”的方式，对水围村共 29 栋居民统建楼进行整租后开展综合整治，除外立面改造和环境优化外，还通过加建电梯、增设连廊、改造户型、增加各类公共空间等方式，将农民房改造为适合青年人居住的 504 套现代化公寓，形成特色化的人才社区，推动了水围人口结构和产业结构的转型升级。

10.3.2 更新模式

水围村更新的组织模式是政府出资、企业改造、集体股份合作公司筹房，充分发挥了政府的公共服务能力、专业企业的开发运营能力和股份合作公司的基层治理能力。

1）福田区政府引入深业集团开展项目，并予以资金支持

福田区政府主导策划了深业水围村综合整治项目的前期研究，确定了水围村改造的基本思路，并且引入深业集团具体负责更新工作。水围村更新改造涉及的公共项目部分，如铺设市政管网、开展环境治理等，由区政府直接投资建设。在项目实施期间，福田区政府对深业集团建筑改造的投资进行了资金补贴； 在项目完成后，也是由区政府对入住人员进行遴选，并以优惠租金将物业配租给辖区人才。

2）水围实业股份有限公司发挥纽带作用，完成股民物业的统租与转租

本次改造的 29 栋建筑均属于村民自有物业而非集体物业，但政府或企业开展逐户谈判的周期长、标准难统一，因此先由水围实业股份有限公司出面，开展统租意愿征集、政策宣讲等工作，研判统租工作可行性，再由股份有限公司主导从村民手中租赁房屋，最后按照原租赁价格统租给深业集团，发挥了政府、企业和村民间的纽带作用，对推动项目顺利实施发挥了重要作用。

3）深业集团向股份合作公司整体承租，开展综合整治并负责后续运营

深业集团参与水围村综合整治项目后，与水围实业股份有限公司签订了长期租约，取得29栋建筑8年的使用权。然后对项目中涉及具体建筑的部分，如电梯安装、户型改造、室内装修等进行投资建设，按照人才住房标准改造后出租给区政府，区政府再以优惠租金配租给辖区人才。在更新完成后，深业集团成立专门机构，对水围村的物业进行整体管理，针对青年人才的需求提供清洁维修、健身娱乐、集会交往等多种增值服务（图10-12）。

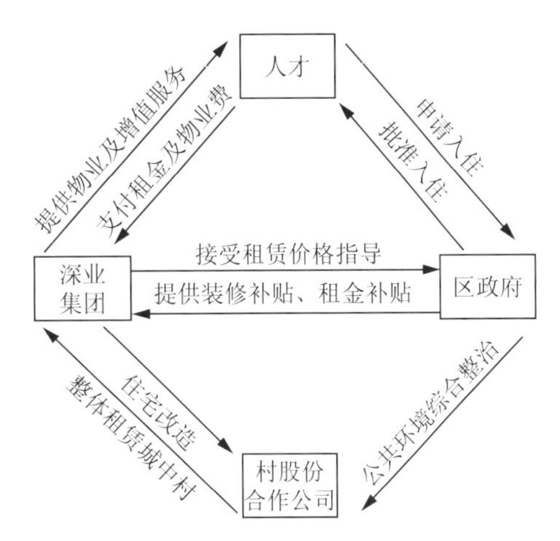

图10-12　水围村综合整治模式图

10.3.3　更新效应

1）促进公共设施与公共空间改善

改造后的水围村，公共区域引入燃气管道和雨污管道，扩容电力设施，新增安防监控，改变了以往污水横流、电线私拉乱接的混乱风貌，安全系数和宜居水平显著提升。新增七部电梯和多条“空中连廊”，将29栋农民房串联成整体，形成了开放共享的立体街区。建筑内形成504间人才公寓，主要户型为22.5 m^2 和32.5 m^2 的单房，每户均带独立卫生间、常用家具和电器，实现拎包入住。还增设了小型会议室、多功能室、图书馆、公共厨房、健身房和洗衣房等多种类型的公共服务空间，极大提高了生活便利程度，为青年人居住和创业提供了良好条件（图10-13）。

2）降低更新后的租金溢价

相对于拆除重建，水围村采取的综合整治类更新模式更加强调以公共利益为主导，政府投入较多，村民获利合理，企业保本微利。其中，深业集团以每平方米70元的价格向村民租赁住房，高于目前每平方米

图10-13　水围村综合整治效果图

50—60 元的城中村市场租金水平，租期为 8 年，每两年递增 6%，为村民提供了长期稳定的收入来源。深业集团投资 4 000 万元，运营期为 8 年，以保本微利方式出租给区政府，区政府再以约 75 元 / m^2 的优惠租金配租给辖区产业人才，低于周边同类出租房的租金水平，减轻了青年人才的住房压力（表 10-1）。

表 10-1　水围村改造后与周边住宅租金对比

<table>
<tr><th>物业类别</th><th>物业名称</th><th>户型</th><th>面积（m^2）</th><th>租金[元 /（m^2·月）]</th></tr>
<tr><td rowspan="2">住宅楼</td><td>晨晖家园</td><td>1 室 1 厅 1 卫</td><td>32</td><td>125</td></tr>
<tr><td>皇庭彩园</td><td>2 室 1 厅 1 卫</td><td>58</td><td>100</td></tr>
<tr><td rowspan="2">农民房</td><td>农民房 A</td><td>1 室 1 厅 1 卫</td><td>18</td><td>111</td></tr>
<tr><td>农民房 B</td><td>1 室 1 厅 1 卫</td><td>24</td><td>125</td></tr>
<tr><td rowspan="2">白领公寓</td><td>Color（彩色）公寓</td><td>1 室 0 厅 1 卫</td><td>20</td><td>144</td></tr>
<tr><td>龙轩豪庭</td><td>1 室 1 厅 1 卫</td><td>46</td><td>148</td></tr>
<tr><td colspan="2">水围村（改造后）</td><td>1 室 1 厅 1 卫
1 室 0 厅 1 卫</td><td>16.5—32.5</td><td>140（政府）
75（人才）</td></tr>
</table>

10.3.4　经验启示

水围村改造是深圳首个以综合整治、整体租赁形式将原农村集体经济组织集资房、城中村村民自建房纳入保障性住房供应的案例，解决了历史遗留的农民房安全隐患，也为政府筹集保障性住房提供了新来源，推动城中村更新由单纯的“拆除重建”向“综合整治”和“拆除重建”并举的模式转变。

深圳城中村承载着时代的集体记忆，水围村改造在提高居住品质的同时，相对稳定了居住成本，糅合了旧建筑与新文化，保留了空间肌理、城市文脉和传统记忆，重新发现了城中村的存在价值，为城中村注入了新的生命力，为社区居民提供了交融的平台，为握手楼提供了一次再生的机会，是深圳城市更新的一次反思和创新。

然而，项目改造后租金绝对值的上升、对入住资格的筛选和对政府补贴的依赖依然引起了争议。因此后续的同类项目也在尝试对水围模式进行优化完善，如通过“大房改小”，将租金预算控制在与改造前同档，租金在现有的市场情况下仅会有约 10% 的增长，不改变城中村的“廉租”属性，不过度依赖政府补贴。部分改造项目则将公交司机、地铁司机、环卫工人等为社会提供基本公共服务的从业人员和先进制造业产业工人等群体纳入保障体系。

参考文献

·中文文献·

埃比尼泽•霍华德,2010. 明日的田园城市[M]. 金经元,译. 北京:商务印书馆.
彼得•罗伯茨,休•塞克斯,2009. 城市更新手册[M]. 叶齐茂,倪晓晖,译. 北京:中国建筑工业出版社.
曹涵,张国华,2003. 旧城改造强制拆迁中应注意的法律问题[J]. 城市规划,27(11):57-59.
陈达,2011. 城市规划视角下的低碳城市发展模式研究——以石家庄市为例[D]:[硕士学位论文]. 石家庄:河北师范大学.
陈福军,2003. 城市治理研究[D]:[博士学位论文]. 大连:东北财经大学.
陈劲松,2004. 城市更新之市场模式[M]. 北京:机械工业出版社.
陈铭,2002. 城市旧住区更新动力的量化模型研究[J]. 城市规划,26(12):76-81.
陈蓉,张凌,2004. 宁波旧城中心区改造模式探讨[J]. 规划师,20(1):30-31.
陈业伟,2002. 旧城改造与可持续发展[J]. 规划师,18(3):63-67.
程家龙,2003. 深圳特区城中村改造开发模式研究[J]. 城市规划汇刊(3):57-60.
重庆市国土房管局,2002. 关于实施主城区危旧房改造工程有关问题的补充通知[Z]. 重庆:重庆市国土房管局.
丁旭,2006. 在对话中寻求一种秩序——宁波科技园区梅墟工业区改造规划[J]. 城市规划,30(7):89-92.
董奇,2005. 伦敦城市更新模式——伙伴合作[J]. 城乡建设(10):60-61.
董奇,戴晓玲,2007. 英国"文化引导"型城市更新政策的实践和反思[J]. 城市规划,31(4):59-64.
樊行,李江,胡盈盈,等,2009.快速城市化下对深圳城市更新的反思和对策研究[M]//中国城市规划学会. 城市规划和科学发展:2009中国城市规划年会论文集. 天津:天津科学技术出版社.
范飞,陈泗,刘淑艳,2004. 多元文化街区保护规划理念分析——以开封旧城双龙巷—穆家桥街区为例[J]. 规划师,20(1):14-17.
方可,2000. 当代北京旧城更新:调查·研究·探索[M]. 北京:中国建筑工业出版社.
高相铎,李诚固,2006. 老工业基地改造与长春市产业空间的协调[J]. 城市问题(2):68-70,79.
耿宏兵,1999. 90年代中国大城市旧城更新若干特征浅析[J]. 城市规划(7):13-17.
耿慧志,1998. 历史街区保护的经济理念及策略[J]. 城市规划(3):40-42.

顾朝林,2001.发展中国家城市管治研究及其对我国的启发[J].城市规划(9):13-20.
顾朝林,谭纵波,刘志林,等,2010.基于低碳理念的城市规划研究框架[J].城市与区域规划研究,3(2):23-42.
广东省人民政府,2009.关于推进“三旧”改造促进节约集约用地的若干意见[Z].广州:广东省人民政府.
郭湘闽,2006.走向多元平衡——制度视角下我国旧城更新传统规划机制的变革[M].北京:中国建筑工业出版社.
郭湘闽,2007.房屋产权私有化是拯救旧城的灵丹妙药吗[J].城市规划,31(1):9-15.
郭湘闽,刘漪,魏立华,2007.从公共管理学前沿看城市更新的规划机制变革[J].城市规划(5):32-39.
韩明清,张越,2011.城市有机更新的行政管理方法与实践[M].北京:中国建筑工业出版社.
何红雨,1991.走向新平衡:北京旧城居住区的改造更新[D]:[博士学位论文].北京:清华大学.
何山,李保峰,2001.武汉沿江旧有工业区更新规划初探[J].华中建筑,19(1):92-94,103.
贺传皎,李江,王吉勇,等,2009.完善规划标准　加快城市转型——深圳城市更新地区规划标准编制探讨[M]//中国城市规划学会.城市规划和科学发展:2009中国城市规划年会论文集.天津:天津科学技术出版社.
贺静,唐燕,陈欣欣,2003.新旧街区互动式整体开发——我国大城市传统街区保护与更新的一种模式[J].城市规划(4):57-60.
胡细银,2002.对深圳城市更新发展的思考[J].特区经济(9):39-40.
胡盈盈,2012.快速城市化地区城市更新用地管理研究——以深圳市坪山新区为例[J].全国商情(理论研究)(4):14-15,23.
胡盈盈,2013.低碳生态理念下的城市更新策略思考——以深圳为例[M]//中国科学技术协会,中国城市科学研究会.2013(第八届)城市发展与规划大会论文集.北京:北京大学出版社.
胡盈盈,2013.转型背景下城市更新规划的探索与实践——以深圳龙华新区为例[J].城乡规划(城市地理学术版)(6):18-25.
胡盈盈,李江,贺传皎,等,2009.环“罗湖金三角”旧工业区改造的路径与策略探究[M]//中国城市规划学会.城市规划和科学发展:2009中国城市规划年会论文集.天津:天津科学技术出版社.
胡盈盈,缪春胜,秦正茂,2014.新型城镇化背景下城市更新发展策略及制度设计——以深圳市为例[C]//中国城市规划学会.2014年第二届中国城乡规划实施学术研讨会论文集.广州:第二届中国城乡规划实施学术研讨会.
黄金,2006.深圳城市更新研究历程及发展方向探讨[D]:[硕士学位论文].上海:同济大学.
黄青山,2012.田面村二十年奋进铸就城市化标杆[EB/OL].(2012-10-21)

[2019-05-23]. http://finance.ifeng.com/roll/20121021/7177540.shtml.
黄文炜,魏清泉,2008. 香港的城市更新政策[J]. 城市问题(9):77-83.
简•雅各布斯,2005. 美国大城市的死与生[M]. 金衡山,译. 南京:译林出版社.
焦怡雪,2003. 社区发展:北京旧城历史文化保护区保护与改善的可行途径[D]:[博士学位论文]. 北京:清华大学.
柯林•罗,弗瑞德•科特,2003. 拼贴城市[M]. 童明,译. 北京:中国建筑工业出版社.
李保盛,2002. 下手留心——旧城改造须谨改慎拆[J]. 规划师,18(6):93-94.
李建波,张京祥,2003. 中西方城市更新演化比较研究[J]. 城市问题(5):68-71,49.
李建华,王嘉,2007. 无锡工业遗产保护与再利用探索[J]. 城市规划,31(7):81-84.
李侃桢,何流,2003. 谈南京旧城更新土地优化[J]. 规划师,19(10):29-31.
李晟晖,2002. 德国鲁尔区产业结构调整对我国矿业城市的启示[J]. 国土经济(9):44-46.
李萱,赵民,2002. 旧城改造中历史文化遗产保护的经济分析[J]. 城市规划(7):39-42.
理查•科林斯,伊丽莎白•瓦特斯,布鲁斯•道森,1997. 旧城再生——美国都市成长政策与史迹保存[M]. 邱文杰,陈宇进,译. 台北:创兴出版社有限公司.
林劲松,2004. 泉州古城保护与更新的多元化策略[J]. 规划师,20(4):36-39.
刘捷,陈薇,沈旸,等,2004. 传统手工业城市滨水地段的保护与更新——以宜兴市蠡河古南街为例[J]. 规划师,20(8):16-18.
刘敏,李先逵,2003. 历史文化名城保护管理调控机制的思辨[J]. 城市规划,27(12):52-54.
刘强,2007. 城市更新背景下的大学周边创意产业集群发展研究——以同济大学周边设计创意产业集群为例[D]:[博士学位论文]. 上海:同济大学.
刘晓东,2003. 浙江历史城镇保护的问题与对策[J]. 城市规划,27(12):65-67.
刘昕,2010. 城市更新单元制度探索与实践——以深圳特色的城市更新年度计划编制为例[J]. 规划师,26(11):66-69.
刘昕,2011. 深圳城市更新中的政府角色与作为——从利益共享走向责任共担[J]. 国际城市规划,26(1):41-45.
鲁政,周瑄,2004. 论城市历史街区的多样性[J]. 规划师,20(3):83-84.
罗竑,2001. 格兰威岛(Granville Island)改造之启示[J]. 南方建筑(4):33-34.
吕晓蓓,赵若焱,2009. 对深圳市城市更新制度建设的几点思考[J]. 城市规划(4):57-60.
马光红,2006. 社会保障性商品住房问题研究[D]:[博士学位论文]. 上海:同济大学.
马航,2007. 我国城中村现象的经济理性的分析[J]. 城市规划,31(12):37-40.
迈克尔•波特,2007. 国家竞争优势:全球深具影响力的管理大师经典著作[M]. 李明轩,邱如美,译. 北京:中信出版社.

迈克尔•麦金尼斯，2000. 多中心治道与发展[M]. 王文章，毛寿龙，译校. 上海：上海三联书店.

米歇尔•米绍，张杰，邹欢，2007. 法国城市规划[M]. 何枫，任宇飞，译. 北京：社会科学文献出版社.

明思龙，韩林飞，吕凯，等，2003. 挖掘历史地段民俗文化积淀，创造历史城市地方保护特色——以扬州市老城区教场地段改造为例[J]. 规划师，19(3)：10-14.

倪慧，阳建强，2007. 当代西欧城市更新的特点与趋势分析[J]. 现代城市研究(6)：19-26.

倪岳翰，2000. 旅游历史城市泉州遗产开发与文化旅游[D]：[博士学位论文]. 北京：清华大学.

潘海啸，汤諹，吴锦瑜，等，2008. 中国"低碳城市"的空间规划策略[J]. 城市规划学刊(6)：57-64.

仇保兴，2004. 城市经营、管治和城市规划的变革[J]. 城市规划，28(2)：8-22.

饶刘瑜，2013. 低碳城市规划的生态位适宜性评价研究[D]：[硕士学位论文]. 武汉：华中科技大学.

阮仪三，王景慧，王林，1999. 历史文化名城保护理论与规划[M]. 上海：同济大学出版社.

阮仪三，张艳华，应臻，2003. 再论市场经济背景下的城市遗产保护[J]. 城市规划，27(12)：48-51.

沙永杰，钱宗灏，张晓春，等，2002. 上海新天地——旧区改造的建筑历史、人文历史与开发模式的研究[M]. 南京：东南大学出版社.

上海市人民政府，2009. 关于进一步推进本市旧区改造工作的若干意见[Z]. 上海：上海市人民政府.

佘高红，吕斌，2008. 转型期小城市旧城可持续再生的思考[J]. 城市规划(2)：16-21.

深圳市规划和国土资源委员会，2006. 深圳市旧城旧工业区改造策略研究[Z]. 深圳：深圳市规划和国土资源委员会.

深圳市规划和国土资源委员会，2010. 深圳市城市更新中的保障性住房空间布局研究[Z]. 深圳：深圳市规划和国土资源委员会.

深圳市城市规划设计研究院，2005. 渔农村改造详细蓝图调整[Z]. 深圳：深圳市城市规划设计研究院.

深圳市城市规划设计研究院，2007. 深圳市旧工业区升级改造总体规划纲要(2007—2020年)[Z]. 深圳：深圳市城市规划设计研究院.

深圳市城市规划设计研究院，2011. 深圳市现代物流业布局规划[Z]. 深圳：深圳市城市规划设计研究院.

深圳市福田区旧城区重建局，等，2005. 福田区城中村改造研究报告(1—4)[Z]. 深圳：深圳市福田区旧城区重建局.

深圳市规划和国土资源委员会，2009. 关于完善我市住房政策的专题调研报告及建议[Z]. 深圳：深圳市规划和国土资源委员会.

深圳市规划和国土资源委员会，2010. 深圳市城市更新项目保障性住房配建比例暂行规定[Z]. 深圳:深圳市规划和国土资源委员会.
深圳市规划和国土资源委员会，2011. 深圳市橙线规划[Z]. 深圳:深圳市规划和国土资源委员会.
深圳市规划和国土资源委员会，2012. 深圳市轨道交通规划[Z]. 深圳:深圳市规划和国土资源委员会.
深圳市规划和国土资源委员会，2011.深圳市法定图则编制容积率确定技术指引[Z]. 深圳:深圳市规划和国土资源委员会.
深圳市规划和国土资源委员会城市更新办公室，2009. 龙岗区回龙埔旧村改造项目一期土地出让大事记[Z]. 深圳:深圳市规划和国土资源委员会城市更新办公室.
深圳市规划和国土资源委员会，2018. 深圳市拆除重建类城市更新单元规划编制技术规定[Z]. 深圳:深圳市规划和国土资源委员会.
深圳市规划局，2004. 深圳市紫线规划[Z]. 深圳:深圳市规划局.
深圳市规划局，2005. 深圳市基本生态控制线管理规定[Z]. 深圳:深圳市规划局.
深圳市规划局，深圳市城市规划设计研究院，2004.深圳城市设计标准与准则[Z]. 深圳:深圳市规划局.
深圳市规划局，深圳市城中村改造工作办公室，2005. 深圳市城中村(旧村)改造总体规划纲要研究成果汇编[Z]. 深圳:深圳市规划局.
深圳市规划局，深圳市水务局，2008. 深圳市蓝线规划[Z]. 深圳:深圳市规划局.
深圳市建筑设计研究总院有限公司，2008. 回龙埔片区改造——旧改专项规划[Z]. 深圳:深圳市建筑设计研究总院有限公司.
深圳市人民政府，2007. 深圳市城中村(旧村)改造扶持资金管理暂行办法[Z]. 深圳:深圳市人民政府.
深圳市人民政府，2003. 关于加快宝安龙岗两区城市化进程的意见[Z]. 深圳:深圳市人民政府.
深圳市人民政府，2004. 深圳市城中村(旧村)改造暂行规定[Z]. 深圳:深圳市人民政府.
深圳市人民政府，2005. 深圳市人民政府关于深圳市城中村(旧村)改造暂行规定的实施意见[Z]. 深圳:深圳市人民政府.
深圳市人民政府，2009. 深圳市城市更新办法[Z]. 深圳:深圳市人民政府.
深圳市人民政府，2010. 关于调整深圳市生活饮用水地表水源保护区的通知[Z]. 深圳:深圳市人民政府.
深圳市人民政府，2010. 深圳市城市总体规划(2010—2020年)[Z]. 深圳:深圳市人民政府.
深圳市人民政府，2010. 深圳市城市总体规划修编(2007—2020年)之密度分区与城市设计研究专题[Z]. 深圳:深圳市人民政府.
深圳市人民政府，2012. 深圳市城市更新办法实施细则[Z]. 深圳:深圳市人民政府.
深圳市人民政府，2018. 关于城市更新促进公共利益用地供给的暂行规定[Z]. 深圳：深圳市人民政府.
盛洪涛，2007. 旧城区改造中的更新与延续——以京汉大道文化街车站路街区改造项目为例[J]. 城市规划，31(8)：93-96.
史永亮，谭武英，2002. 克服城市用地功能合理组织的瓶颈——以衡阳市为例[J]. 城市问题(5)：21-25.
宋博通，2002. 美国联邦政府低收入阶层住房政策述论[J]. 中国房地产(9)：71-73.
孙世界，雒建利，2006. 旧城区的整体更新——以邯郸丛台地区综合改造规划为例[J]. 规划师，22(3)：48-51.
孙杨，2013. 低碳视角下城市既有住区公共空间环境更新方法与策略[D]：[硕士学位论文]. 合肥：合肥工业大学.
台湾规划部门，2008. 台湾都市更新条例[Z]. 台北：台湾规划部门.
谭维宁，1999. 旧区重建中社会和经济问题的思辨——以深圳市八卦岭工业区改造为例[J].城市规划汇刊(4)：30-34.
谭维宁，2003. 应对市场变化的规划管理——一个工业区改造案例的剖析[J]. 规划师，19(5)：59-63.
唐懿，2003. 上海旧住宅区资源的整合与改造初探[J]. 规划师，19(8)：13-14.
万勇，2006. 旧城的和谐更新[M]. 北京：中国建筑工业出版社.
汪坚强，2002."民主化"的更新改造之路——对旧城更新改造中公众参与问题的思考[J]. 城市规划(7)：43-46.
王吉勇，李江，胡盈盈，等，2009. 转型期下的城市更新评价体系构建——以深圳为例[M]//中国城市规划学会. 城市规划和科学发展：2009中国城市规划年会论文集. 天津：天津科学技术出版社.
王坤，王泽森，2006. 香港公共房屋制度的成功经验及其启示[J].城市发展研究，13(1)：40-45.
王兰，刘刚，2007. 20世纪下半叶美国城市更新中的角色关系变迁[J]. 国际城市规划，22(4)：21-26.
王浪，李保峰，2004. 旧城改造的公众参与——武汉同丰社区个案研究[J]. 规划师，20(8)：90-92.
王伟年，张平宇，2006. 创意产业与城市再生[J]. 城市规划学刊(2)：22-27.
王晓鸣，2003. 旧城社区弱势居住群体与居住质量改善研究[J]. 城市规划，27(12)：24-29，34.
王佐，2002. 当前我国旧城中心文化商业区公共空间环境整治研究[J]. 新建筑(1)：80.
魏清泉，1997. 广州金花街旧城改造研究[M]. 广州：中山大学出版社.
吴浩军，李怡婉，2010. 我国现行容积率调整程序的缺陷及优化设计[J]. 规划师，26(9)：84-87.
吴良镛，2002. 旧城治理的"有机更新"[J]. 华中建筑(3)：15-19.

吴良镛，2000.“菊儿胡同”试验后的新探索——为《当代北京旧城更新：调查·研究·探索》一书所作序[J]. 华中建筑，18(3)：104.
吴晓松，缪春胜，张莹，2008. 法定图则与地方发展框架的比较研究[J]. 现代城市研究，23(12)：6-12.
伍炜，2010. 低碳城市目标下的城市更新——以深圳市城市更新实践为例[J]. 城市规划学刊(Z1)：19-21.
希若·波米耶，等，1998. 成功的市中心设计[M]. 马铨，译. 台北：台北创兴出版社.
香港特区政府，2001. 市区重建局条例[Z]. 香港：香港特区政府.
肖达，2005. 上海旧区改造政策变化对城市居住构成的影响[J]. 城市规划，29(5)：83-87.
熊国平，2006. 当代中国城市形态演变[M]. 北京：中国建筑工业出版社.
徐明前，2002. 上海新一轮旧区改造运作机制研究[J]. 规划师，18(2)：60-63.
徐荣，樊行，2006. 快速城市化下的深圳城市更新[C]//中国科学技术协会，中国城市科学研究会. 城市发展研究：2009城市发展与规划国际论坛论文集. 哈尔滨：中国科学技术协会.
阳建强，2000. 中国城市更新的现况、特征及趋向[J]. 城市规划，24(4)：53-55，63.
阳建强，2012. 西欧城市更新[M]. 南京：东南大学出版社.
阳建强，吴明伟，1999. 现代城市更新[M]. 南京：东南大学出版社.
杨松龄，2000. 以权利变换方式进行都市更新之评议[J]. 中国土地科学，14(6)：2-5.
姚一民，2008.“城中村”的管治问题研究——以广州为例[M]. 北京：中央编译出版社.
佚名，2007. 望蔡屋围拆迁问题协商解决[EB/OL].(2007-04-14)[2019-05-23]. http://news.sohu.com/20070414/n249425985.shtml.
佚名，2011. 深圳观澜版画村——古民居保护中的“艺术家部落”模式[EB/OL].(2011-06-14)[2019-05-23]. http://ccjzstt.blog.163.com/blog/static/332840520115144651362/.
袁铁声，1997. 城市传统中心商业区再开发研究[D]：[博士学位论文]. 北京：清华大学.
袁欣，徐桂，李昊，2013. 城市既有住区更新的低碳策略研究[J]. 中外建筑(5)：32-35.
翟斌庆，翟碧舞，2010. 中国城市更新中的社会资本[J]. 国际城市规划，25(1)：53-59.
张更立，2004. 走向三方合作的伙伴关系：西方城市更新政策的演变及其对中国的启示[J]. 城市发展研究，11(4)：26-32.
张鸿雁，胡小武，2008. 城市角落与记忆Ⅱ：社会更替视角[M]. 南京：东南大学出版社.
张杰，2002. 北京城市保护与改造的现状与问题[J]. 城市规划，26(2)：73-75.

张杰，2010. 从悖论走向创新——产权制度视野下的旧城更新研究[M]. 北京：中国建筑工业出版社.
张灵莹，2003. 深圳市工业化发展水平比较分析[J]. 南方经济(104)：47-49.
张其邦，马武定，2006. 更新度——城市改造的合理性思考[J]. 重庆建筑大学学报，28(5)：83-85，89.
张松，2005. 留下时代的印记 守护城市的灵魂——论城市遗产保护再生的前沿问题[J]. 城市规划学刊(3)：31-35.
张毅杉，夏健，2008. 塑造再生的城市细胞——城市工业遗产的保护与再利用研究[J]. 城市规划(2)：22-26.
赵燕菁，2001. 高速发展条件下的城市增长模式[J]. 国外城市规划(1)：27-33.
甄栋，刘云月，2004. 现代城市更新的经济学视野[J]. 山东建筑工程学院学报，19(4)：13-17.
中国城市规划设计研究院深圳分院，2007. 城市更新政策研究[Z]. 深圳：中国城市规划设计研究院深圳分院.
中国城市规划设计研究院深圳分院，2007. 国内外城市更新政策理论与案例研究[Z]. 深圳：中国城市规划设计研究院深圳分院.
周岚，童本勤，2005. 老城保护与更新规划编制办法探讨——以南京老城为例[J]. 规划师，21(1)：40-42.
周岚，童本勤，何世茂，2004. 寻求老城保护与发展的平衡与协调——南京老城保护与更新规划介绍[J]. 城市规划(9)：89-92.
朱海忠，2007. 韩国住房保障制度的经验及启示[J]. 理论学刊(3)：56-57.
朱嘉广，2003. 旧城保护与危改的方法[J]. 北京规划建设(4)：52-53.
朱介鸣，2011. 发展规划：重视土地利用的利益关系[J]. 城市规划学刊(1)：30-37.
朱荣远，张立民，郭旭东，2006. 表情复杂的中国城市化附生物——城中村——有关深圳市城中村调查研究的启示[J]. 城市规划(9)：84-88.
朱小雷，2007. 重构与共享：广州芳村旧工业滨水区的整治[J]. 城市规划，31(9)：76-79.

·外文文献·

ASHWORTH G J, TUNBRIDGE J E, 2000. The tourist-historic city: retrospect and prospect of managing the heritage city[M]. Oxford: Pergamon.
AUSTENSEN M, INGRID G E, LUKE H, et al, 2016. State of New York City 7s housing and neighborhoods in 2015[R]. New York: NYU Furman Center.
CARMON N, 1999. Three generations of urban renewal policies: analysis and policy implications[J]. Geoforum, 30(2): 145-158.
COUCH C, FRASER C, PERCY S, 2003. Urban regeneration in Europe[M]. Oxford: Blackwell Science.
DAVIES J S, 2001. Partnerships and regimes: the politics of urban regeneration in the UK[M]. Aldershot: Ashgate.
FRANK K, PETERSEN P, 2002. Historic preservation in the USA[M]. Berlin:

Springer.
GILMAN T J, 2001. No miracles here: fighting urban decline in Japan and the United States[M]. Albany: State University of New York Press.
GREER S, 1965. Urban renewal and American cities[M]. Indianapolis: The Bobbs–Merrill Company.
HEALEY P, DAVOUDI S, 1992. Rebuilding the city: property-led urban regeneration[M]. London: E & FN Spon.
IMRIE R, RACO M, 2003. Urban renaissance? — New labour, community and urban policy[M]. Bristol: The Policy Press.
KEMP R L, 2000. Main street renewal: a handbook for citizens and public officials [M]. Jefferson, N.C.: McFarland.
KEMP R L, 2001. The inner city: a handbook for renewal[M]. Jefferson, N. C.: McFarland .
NELISSEN N J M, 1982. Urban renewal in western Europe [J]. Urban Ecology, 5 (3/4): 155-386.
ORBASLI A, 2000. Tourists in historic towns: urban conservation and heritage management[M]. London: Taylor & Francis.
PHELPS A, ASHWORTH G J, 2002. The construction of built heritage: a north European perspective on policies, practices, and outcomes[M]. Aldershot: Ashgate.
PICKARD R, 2000. Management of historic centres[M]. London: Taylor & Francis.
ROBERTS P, SYKES H, 2008. Urban regeneration: a handbook[M]. London: SAGE Publications Ltd.
ROGERS R, 1999. Towards an urban renaissance[Z]. [S.l.]: Office of the Deputy Prime Minister.
SCHUSTER J M, 1997. Preserving the built heritage: tools for implementation [M]. Hanover: University Press of New England.
SINGH R, 2000. Dynamics of historical culture and heritage tourism[M]. New Delhi: Kanishka Publishers, Distributors.
STEVEN T, OC T, HEATH T, 1996. Revitalizing historic urban quarters[M]. Oxford: Architecture Press.
TEUTONICO M F, 2003. Managing change: sustainable approaches to the conservation of the built environment[M]. Los Angeles: Getty Conservation Institute.
TRANCIK R, 1986. Finding lost space: theories of urban design[M]. New York: John Wiley &Sons.
WAGNER F W, JODER T E, MUMPHREY J A J, 2000. Managing capital resources for central city revitalization[M]. New York: Routledge.
WILLIAMS G, 2003. The enterprising city centre: Manchester' s development

challenge[M]. London: Taylor & Francis.
ZIELENBACH S，2000. The art of revitalization：improving conditions in distressed inner-city neighborhoods[M]. New York：Garland.
ZUK M，BIERBAUM A H，CHAPPLE K，et a1，2015.Gentrification，displacement and the role of public investment：a literature review[R]. San Francisco：Federal Reserve Bank of San Francisco.
上河内千香子，2007.区分所有建物の复旧及び区分所有关系の解消に关する一考察[J]. 琉大法学(9)：12-16.

图表来源

图 2-1 源自：谢文蕙，邓卫，2008. 城市经济学[M]. 2版. 北京：清华大学出版社.

图 2-2、图 2-3 源自：笔者绘制.

图 3-1 源自：笔者绘制.

图 3-2 至图 3-4 源自：深圳市规划和国土资 源委员会，2010. 深圳市城市总体规划（2019—2020年）汇报稿[Z]. 深圳：深圳市规划和国土资 源委员会.

图 3-5 源自：深圳市人民政府，2017. 深圳市政府工作报告汇报稿[Z]. 深圳：深圳市人民政府.

图 3-6 源自：笔者绘制.

图 3-7 至图 3-9 源自：笔者拍摄.

图 3-10、图 3-11 源自：笔者绘制.

图 3-12 源自：http://blog.sina.com.cn/s/blog 4ed053f001008kls.html.

图 3-13 至图 3-25 源自：笔者拍摄.

图 4-1 至图 4-3 源自：笔者绘制.

图 5-1 至图 5-4 源自：笔者绘制.

图 6-1 源自：笔者绘制.

图 6-2 源自：笔者拍摄.

图 6-3 源自：深圳市建设国家低碳生态示范市联系会议办公室，2011. 深圳创建国家低碳生态示范市白皮书（2010—2011年）[Z]. 深圳：深圳市建设国家低碳生态示范市联系会议办公室.

图 6-4 至图 6-7 源自：笔者拍摄.

图 6-8 源自：深圳市建设国家低碳生态示范市联系会议办公室，2013. 深圳创建国家低碳生态示范市白皮书（2011—2012年）[Z]. 深圳：深圳市建设国家低碳生态示范市联系会议办公室.

图 6-9 源自：深圳市建设国家低碳生态示范市联系会议办公室，2014. 深圳创建国家低碳生态示范市白皮书（2012—2013年）[Z]. 深圳：深圳市建设国家低碳生态示范市联系会议办公室.

图 6-10 至图 6-12 源自：深圳市建设国家低碳生态示范市联系会议办公室，2013. 深圳创建国家低碳生态示范市白皮书（2011—2012年）[Z]. 深圳：深圳市建设国家低碳生态示范市联系会议办公室.

图 6-13 源自：笔者拍摄.

图 7-1 至图 7-5 源自：笔者绘制.

图 7-6 源自：笔者绘制[底图审图号为粤S（2018）089号].

图 8-1 源自：笔者绘制.

图 8-2 至图 8-5 源自：笔者绘制[底图审图号为粤S（2018）089号].

图 8-6 源自：笔者绘制.

图 9-1、图 9-2 源自：笔者绘制.

图 10-1 源自：深圳新闻网.

图 10-2 源自：深圳市规划和自然资 源局，2014. 深圳市南山区大冲村改造专项规划调整报告[Z]. 深圳：深圳市规划和自然资源局.

图 10-3 源自：笔者绘制.

图 10-4、图 10-5 源自：华润集团，2014. 深圳市南山区大冲村改造专项规划调整报告[Z]. 深圳：华润集团.

图 10-6 源自：天安骏业集团，2012. 深圳市龙岗区天安岗头城市更新单元规划[Z]. 深圳：天安骏业集团.

图 10-7 源自：天安骏业集团.

图 10-8 源自：笔者绘制.

图 10-9、图 10-10 源自：天安骏业集团.

图 10-11 源自：天安骏业集团，2012. 深圳市龙岗区天安岗头城市更新单元规划[Z]. 深圳：天安骏业集团.

图 10-12 源自：笔者绘制.

图 10-13 源自：深业集团.

表 4-1、表 4-2 源自：笔者绘制.

表 7-1 至表 7-10 源自：笔者绘制.

表 8-1 至表 8-5 源自：笔者绘制.

表 9-1 至表 9-6 源自：笔者绘制.

表 10-1 源自：笔者绘制.